聚阴离子型锂离子电池的制备与第一性原理计算

常龙娇 著

化学工业出版社

·北京·

内容简介

本书以聚阴离子型锂离子电池的制备为主线，介绍了常见的聚阴离子型锂离子电池的结构、设计、电极和电解液构成，以及全电池的表征，着重介绍了相关的第一性原理计算在聚阴离子型锂离子电池电极设计中的应用。

本书适合从事锂离子电池开发的技术人员参考。

图书在版编目（CIP）数据

聚阴离子型锂离子电池的制备与第一性原理计算/常龙娇著. —北京：化学工业出版社，2023.9

ISBN 978-7-122-43872-0

Ⅰ.①聚… Ⅱ.①常… Ⅲ.①锂离子电池-制备 Ⅳ.①TM912.05

中国国家版本馆 CIP 数据核字（2023）第 137513 号

责任编辑：邢　涛　　文字编辑：杨凤轩　师明远
责任校对：刘曦阳　　装帧设计：韩　飞

出版发行：化学工业出版社（北京市东城区青年湖南街 13 号　邮政编码 100011）
印　　装：北京七彩京通数码快印有限公司
710mm×1000mm　1/16　印张 10½　字数 200 千字　2023 年 10 月北京第 1 版第 1 次印刷

购书咨询：010-64518888　　售后服务：010-64518899
网　　址：http://www.cip.com.cn
凡购买本书，如有缺损质量问题，本社销售中心负责调换。

定　　价：98.00 元

前　言

本书介绍了聚阴离子型锂离子电池的发展现状及其制备工艺。由于聚阴离子型锂离子电池具有较高的氧化还原电位、快速充放电能力、稳定的三维骨架结构、安全性能突出、价格低廉、能量密度高等突出的优势，其制备、性质和应用研究近年来受到了高度重视，因此研究人员对聚阴离子型锂离子电池进行了大量的研究工作。本书对推动聚阴离子型锂离子电池的基础研究，特别是锂离子电池第一性原理计算具有一定的指导作用。

本书涵盖了聚阴离子型锂离子电池的第一性原理计算、合成、结构、表征等内容。全书分为7章：分别介绍了聚阴离子型锂离子电池的研究背景；聚阴离子型锂离子电池第一性原理的计算理论；聚阴离子型 $Li_2Fe_{1-x}Mn_xSiO_4$ 正极材料第一性原理计算；聚阴离子型锂离子电池材料的表征；两段焙烧法制备聚阴离子型 Li_2MnSiO_4/C 正极材料；水热法合成碳复合聚阴离子型 $LiMnPO_4$ 正极材料；离子液体热合成法合成聚阴离子型 $LiFePO_4$ 正极材料。

本书在编写过程中参考了大量的著作和文献资料，在此，向工作在相关领域最前沿的科研人员致以诚挚的谢意。随着对聚阴离子型锂离子电池研究的不断深入，本书中的研究方法和研究结论有待更新和更正。由于作者水平有限，书中难免有疏漏之处，敬请各位读者批评指正。

常龙娇

2023.4

目　录

第1章
聚阴离子型锂离子电池概述

1.1 引言

电力是当前和未来社会的重要能源。随着社会的进步、世界人口的增加、经济水平的提高和科学技术的不断发展，人们对电力的消耗和依赖持续增加[1]。然而步入21世纪以来，全球能源短缺问题日趋严重，这就迫使人们开始努力用其他绿色能源（如太阳能、风能和水能等）来取代不可再生的化石燃料[2-3]。近年来，太阳能发电、风力发电和光伏发电等储能市场飞速发展对电源技术的更新提出了新的要求[4]。为了满足人们日益增长的电化学储能需求，开发高效的储能电源装置尤为重要[5]。

在电力和能源领域，二次电池将在缓解化石燃料消耗造成的环境负担方面发挥关键作用[6-7]。最近十年，便携式计算机、智能手环、智能手机、无线蓝牙耳机、微型医疗机器人、电动汽车（EV）和混合动力汽车（HEV）等的使用迅速增多，表明二次电池已成为这个依赖电力的时代的一个重要组成部分[8-9]。

二次电池是一个可逆系统，它可将储存的化学能转化为电能，并在放电阶段为外部电路提供动力。二次电池一般可以分为铅酸电池（VRLA）、镍镉电池（Ni-Cd）、镍金属氢化物电池（Ni-MH）、锌锰电池（Zn-Mn）、水系锌离子电池（ZIBs）和锂离子电池（LIB）六种类型。在这些二次电池中，锂离子电池比其他同等的二次电池更轻，其关键优势是可以获得较高的开路电压，是一种极具发展前景的动力电池[10-12]。1991 年，日本的索尼公司以 $LiCoO_2$ 为正极、石墨为负极生产了第一批商业二次电池，率先提出“锂离子电池”这一新型电池概念，目前，锂电池以其使用方便、成本低廉、自放电率低、污染性小、安全性能高、无记忆效应、使用寿命长、能量密度高等优势一直主导着小型便携式电源市场[13-14]。

1.2 锂离子电池概述

1.2.1 锂离子电池的发展趋势

锂离子电池的发展起源于 20 世纪 60 年代，经过数十年的研发，其已广泛应用于电子产品、电气化交通运输和人工智能等领域。锂离子电池的崛起在很大程度上推动了现代信息技术的进步，极大地促进了半导体和计算机技术的飞跃[15-16]。如图 1-1 所示[17]，自从 1991 年锂离子电池开始批量生产以来，其比能量以每年约 6%的速度提高。如今，锂离子电池被认为是取代化石燃料的关键能源，大多数便携式电子设备以及电动汽车都使用锂离子电池来存储和供应能量。随着锂离子电池关键材料（正极材料、负极材料、隔膜和电解质）的发

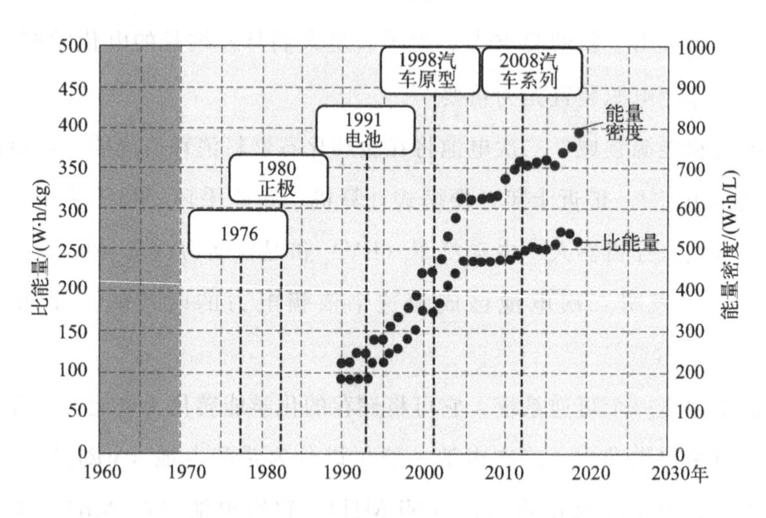

图 1-1　锂离子电池的发展趋势[18]

展，锂离子电池的储能效率、能量/功率密度、安全性和使用寿命得到了质的飞跃[18-20]。虽然近年来锂离子电池技术在便携式电子器件中的应用已基本成熟，但在满足未来大型储能系统应用的需求方面仍面临一些技术挑战。

1.2.2　锂离子电池的构成

如图 1-2 所示[21]，一般来说锂离子电池由正极、电解液、隔膜和负极四个主要成分组成。隔膜是一种多孔膜，浸泡在离子导电电解质溶液中，以避免电极之间的直接接触。电解液原则上应具有离子导电性和电子绝缘性，但电解液的实际性质要复杂得多。通常在第一次充放电循环中，由于有机电解质在极端电压范围（通常<1.2V 或>4.6V）下的分解，电极表面会形成所谓的固体-电解质间相（SEI）层。

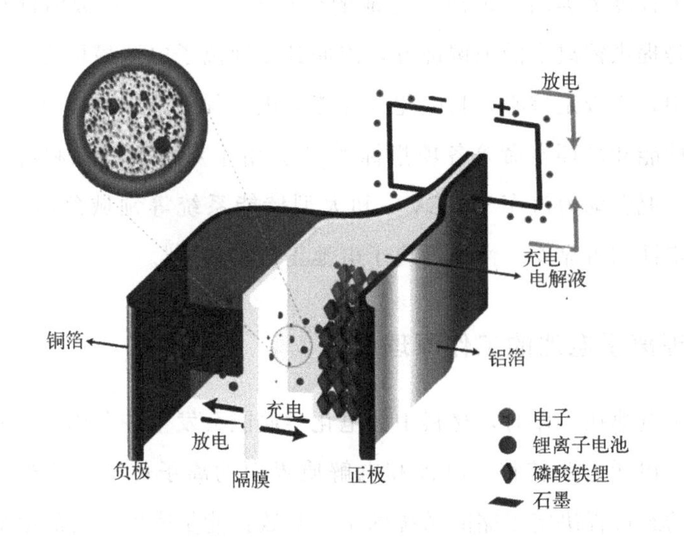

图 1-2　锂离子电池内部的基本组分、充放电过程和锂离子运动[21]

电极通常由导电材料（CM）、活性材料（AM）和黏合剂溶液（BS）三种组分的混合物组成。聚偏氟乙烯（PVDF）和聚丙烯（PP）是锂离子电池生产中最常用的黏合剂。在黏合剂系统中，为了促进与 AM 和 CM 的混合，通常使用 *N*-甲基吡咯烷酮（NMP）或 *N*,*N*-二甲基甲酰胺（DMF）作为溶剂。虽然正极和负极使用不同的活性材料，但通常共用同一黏合剂溶液体系。就电极组成而言，AM、CM 和 BS 的含量会影响锂离子电池的性能。这些组分之间的比例直接影响离子迁移率、材料孔隙率和导电性等性能[22]。BS/CM 比值越大，Li^+ 扩散迁移通过 SEI 膜的界面电阻越高[23]。AM 比例越大，电池容量越大，同时也保证了锂离子的储存容量[24]。因此，典型的电极材料成分中 AM 的比例在 60%～95%之间，CM 约为 2%～25%，BS 约为 3%～30%[25]。研究表明，黏合剂与 CM 的比例为 5∶4、AM 的含量为 80%左右时，可以很大程度增加电极的倍率性能[26]。

锂离子电池中的活性材料（AM）是 Li^+ 进行嵌入和脱出的场所。最常见的负极活性材料是石墨和硅。炭黑是锂离子电池中最常用的导电材料（CM），它的存在可降低电极的极化电位，在保持活性材料颗粒和外部电路之间接触的同时，很大程度上提高了锂离子电池的循环寿命[27-28]。正极活性材料是含锂化合物，是提供锂离子的关键部分，因而其是锂离子电池最核心的部件。在锂离子电池中，正极是核心，其电化学性能会极大程度地影响动力电池的能量密度、倍率性能和循环寿命等各项指标[29-30]。由于对清洁能源和可再生能源的迫切需求，混合动力汽车（HEV）和大型储能系统等领域急需高能量密度、长循环稳定性和可靠安全性的锂离子电池正极材料[31]。

1.2.3 锂离子电池的工作原理

锂离子电池在工作时，材料中的电化学储能会发生许多相互关联的化学和物理过程，包括电荷转移、电极和电解质界面的离子传输、结构变化和相变等。这些动态过程决定了储能系统的主要参数：能量密度、充放电效率（功率密度）、循环寿命和安全性。

锂离子电池是将电能转化为电化学能的储能装置，正负电极都是通过 Li^+ 嵌入活性材料的结构中来进行工作的，并通过外部电路实现电荷补偿，电子通过集电器（高导电性金属-铝箔）到达外部电路[32]。为保持电荷平衡，电子通过外部电路的方向与锂离子在电池内部的移动方向相同。在正极和负极之间的隔膜（一种微孔膜）可以允许电解液穿透，锂离子通过它进行交换，从而防止电极短路。存在于在隔膜和电极之间的电解液可充分保证电极之间和电极内部的离子导电性和迁移性[33]。

如图 1-3 所示[34]，电子和离子在充放电过程中发生移动。这些电子和离子运动经常触发结构变化、缺陷的产生和相变，从而导致整个电池的能量密度和倍率性能的显著变化。充电过程中 Li^+ 从正极中脱出进入电解液，电解液中的 Li^+ 定向移动通过隔膜后嵌入负极，同时电子也通过外部集电器从正极移动到负极，从而形成电路。锂的化学势在阳极比在阴极高得多，因此电能以电化学能的形式储存。当电池放电时，锂离子从负极移到正极来完成能量的转移，电化学能量以电能的形式释放出来。

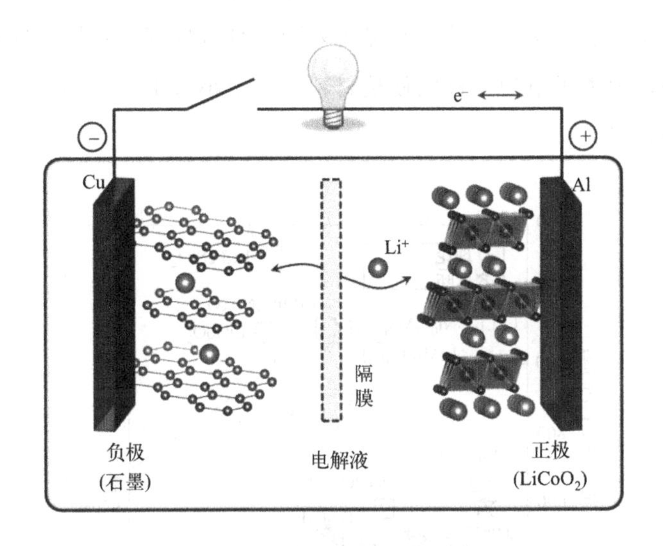

图 1-3 锂离子电池工作原理图[34]

当前，在对高输出功率动力电源迫切需求的形势下，研发具有高能量密度和长循环寿命的锂离子电池迫在眉睫。锂离子电池的能量密度由材料的可逆容量和工作电压决定，而材料的可逆容量和工作电压主要取决于材料的有效氧化还原电对、锂离子浓度等本征化学性质[35-36]。倍率能力和循环性能、电子和离子迁移率是决定电池性能的关键因素[37]。另外，由于材料结构具有的各向异性，因此粒子形态是否稳定也是重要的影响因素[38]。在目前的锂离子电池技术中，电池的电压和容量主要由正极材料决定，这也是锂离子传输速率的限制因素[39]。因此，未来在新型锂离子电池电极材料的优化和开发过程中，除了要考虑电池的成本、安全和对环境的潜在影响之外，也要解决能量密度、倍率和循环性能、锂离子的迁移率、稳定性（包括结构的稳定性和电极-电解质界面的稳定性）等关键技术问题。

1.2.4 锂离子电池正极材料的分类

图1-4是目前正在研究的不同正极材料的能量密度对比图[40]，可以看出 $LiFeBO_3$ 和 $LiFeSO_4F$ 已经接近其理论能量密度，而传统的层状和尖晶石化合物的理论和实际能量密度仍然存在显著差距。具有良好理论性能的材料极有可能成为下一代锂离子电池正极的候选材料。在本小节中，我们将按结构逐一介绍各类正极材料。

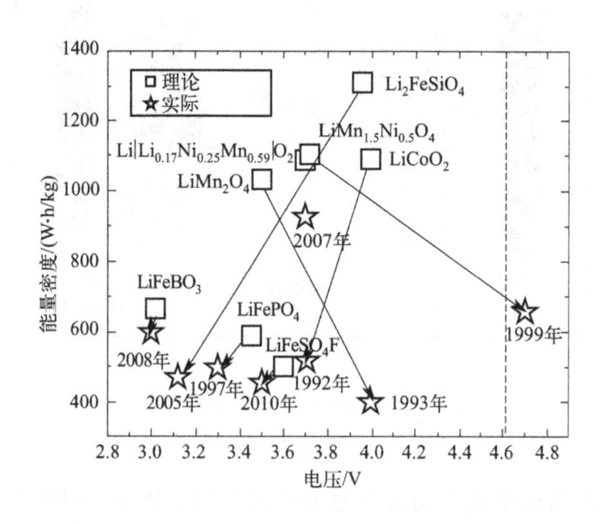

图1-4 目前正在研究的不同正极材料的理论和实际能量密度对比[40]

按结构分类，传统的正极材料可分为层状化合物 $LiMO_2$（M＝Co、Ni、Mn等）、尖晶石状化合物 $LiMn_2O_4$ 和橄榄石状化合物 $LiMPO_4$（M＝Fe、Mn、Ni、Co、Cu等）。除磷酸铁锂外，其他橄榄石如 $LiMnPO_4$、$LiNiPO_4$、LiCo-

PO_4 和 $LiCuPO_4$ 也是高压正极材料，它们通过较高的放电电压平台来提高电池的比容量[41-42]。最近，新型结构正极材料如硅酸盐、硼酸盐等也受到越来越多的关注。

1.2.4.1 层状结构

层状金属氧化物的一般分子式为 $LiMO_2$（M 为过渡金属元素，如 Co、Ni 和 Mn 等），具有 α-$NaFeO_2$ 结构，属于 R3m 空间群的分层结构，六方晶系，因而其单元参数按照六边形设置[43-45]。这类材料的理论比容量维持在 280mAh/g 左右，最突出的优点是放电平稳和循环寿命长[46]。其中 $LiCoO_2$ 的制备工艺目前较为成熟，是目前最主要的商业化锂离子电池正极材料。然而，由于 Co 资源匮乏且成本高，$LiCoO_2$ 只能用于小型便携式电子设备。

1.2.4.2 尖晶石结构

尖晶石结构的 $LiMn_2O_4$ 正极材料属于立方晶系，其化学结构可用 Fd3m 空间群进行描述，理论比容量为 148mAh/g，最突出的优点是价格低、安全无毒和结构稳定[47-48]。一般地，Li^+ 可在 8a 四面体位可逆脱出，从而使 $LiMn_2O_4$ 转化为 λ-MnO_2[49]。值得注意的是，当更多的 Li^+ 嵌入 16c 位时，尖晶石状的 $LiMn_2O_4$ 会转变为四边形的 $Li_2Mn_2O_4$[50]。然而，这种材料的高温循环性能和存储性能较差，通常需经过离子掺杂和导电性材料复合来改善。

1.2.4.3 橄榄石结构

橄榄石结构的 $LiMPO_4$（M＝Fe、Mn、Co 和 Ni）正极材料属于空间群为 pnma 的正交晶系，理论比容量为 170mAh/g 左右，循环稳定性较其他正极材料最为突出。其中，铁基化合物 $LiFePO_4$ 毒性低于 Co、Ni 和 Mn 化合物，且其价格低廉、Fe 源天然、电压平台稳定（3.4V），在一些领域已经开始实现商业化[51-53]。然而，$LiMPO_4$ 中的 Li^+ 只能在一维隧道内扩散，离子扩散能力较弱，这会影响其倍率性能的发挥[54]。研究表明通过 Li 位和 M 位掺杂的方法，可将 $LiFePO_4$ 粒径减小至纳米级，能够有效提高其电子和离子电导率[55-56]。

1.3 聚阴离子型正极材料

锂离子电池正极材料 $Li_2Mn_2O_4$、$LiCoO_2$ 和 $LiNiO_2$ 已成功商业化。然而，对毒性更小、成本更低、结构更稳定、使用更安全的替代能源的探索仍在持续。聚阴离子型正极材料是最近几年新兴的一类正极材料，由于其具有价格低廉、安全性高、化学稳定性和热稳定性好、对环境污染小等优点而成为研究热点[57-58]。与过渡金属氧化物相比，聚阴离子（PO_4^{3-}、SiO_4^{4-}、BO_3^{3-}）中的氧可以与 P、Si、P 形成较强的 P—O、Si—O、B—O 共价键，因此由它们构成的材料可以支持相对较高的电压，极大程度地增强了结构稳定性和安全性[59]。此外，聚阴离子基团的稳定性又可以延缓或减少传统层状和尖晶石氧化物中存在的氧缺失现象[60]。聚阴离子基团的电子感应效应改变了过渡金属离子的 d 态，从而改变了氧化还原电位，这为调节氧化还原电位提供了一种新手段[61]。

总之，聚阴离子型化合物是一系列含有四面体或者八面体阴离子结构单元的化合物的总称，属于超导体材料，在锂离子电池正极材料的应用上拥有如下四大优点：①较高的氧化还原电位；②快速充放电能力；③稳定的三维骨架结构；④安全性能突出、价格低廉、能量密度高。

1.3.1 磷酸盐化合物

橄榄石结构 $LiMPO_4$（M＝Fe、Mn、Co 和 Ni）内含聚阴离子 PO_4^{3-}，也是一种聚阴离子型正极材料，它们具有较高的结构稳定性、较高的理论容量、较低的成本和环境友好性，极具发展潜力。其中，$LiFePO_4$ 因其具有较强的共价 P—O 键而极大地提高了稳定性，目前这种材料已经成功应用于电动汽车行业。然而，该类材料的性能受制备条件影响较大，存在电子和离子电导率较差、循环性能低、电池容量有待提高等问题，并未大规模生产。

1.3.1.1 $LiMnPO_4$ 正极材料

当前，开发高能量密度的锂离子电池正极材料仍是主流研究方向。从目前的研究来看，若想要有效地提高锂离子电池的能量密度，必须从以下两个方面考虑：提高正负极材料之间的电压差和开发高比容量正极材料。然而，具有更高比容量的正极材料在充放电过程中，往往会表现出较大的不可逆容量损失。因此，为了提高锂离子电池能量密度，开发高电压正极材料是一种行之有效的方法。

聚阴离子型磷酸盐系正极材料 $LiMPO_4$（M＝Mn、Fe、Co、Ni）具有较高的放电电压平台，Fe、Mn、Co 和 Ni 的电势分别为 3.5V、4V、4.8V 和 5.2V[62]，能从根本上提高电池的能量密度。在这些高电压正极材料中，橄榄石结构的 $LiMnPO_4$ 在安全性能和循环寿命方面更佳，与目前应用最广泛的 $LiCoO_2$ 正极的放电电压相似，且其成本低、安全性高，热稳定性也比具有 α-$NaFeO_2$ 结构的 $LiCoO_2$ 正极更高，是一种很好的 $LiCoO_2$ 替代品。

图 1-5 显示了 $LiMnPO_4$ 的晶体结构。如图所示，高强度的 P—O 共价键使 Li^+ 几乎不可能穿过 PO_4 四面体，从而导致了 Li^+ 的扩散速率较低。MnO_6

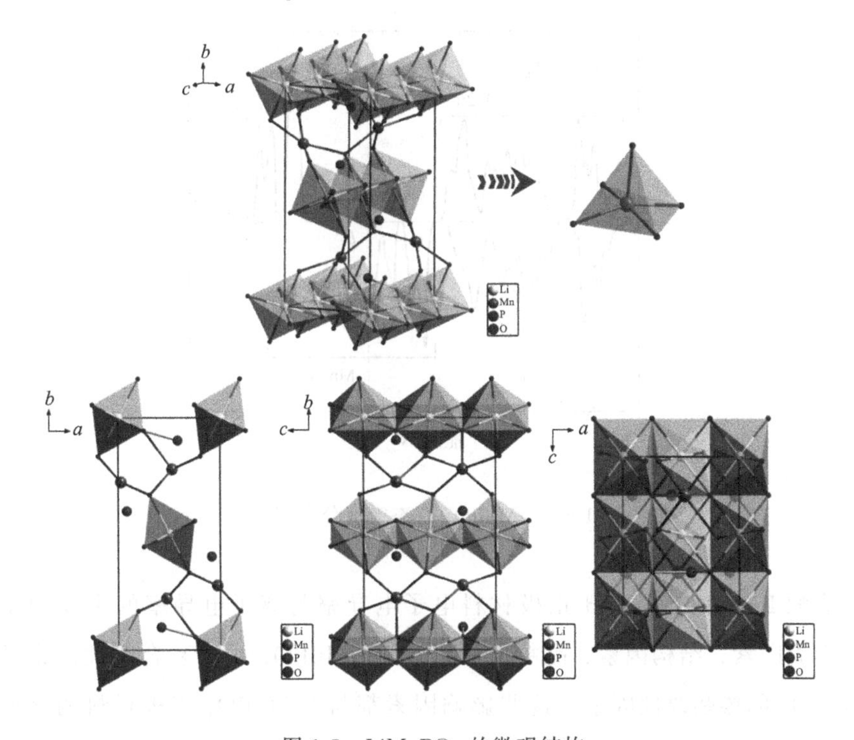

图 1-5　$LiMnPO_4$ 的微观结构

的八面体共顶点被 PO_4^{3-} 四面体分隔，而无法形成连续的 MnO_6 网络结构，因而材料的电子传导性较差。纯相的 $LiMnPO_4$ 在室温下的电子电导率仅为 3×10^{-9}S/cm。因此，尽管 $LiMnPO_4$ 作为高电压正极材料具有安全性能突出、价格低廉、能量密度高、循环稳定性好等诸多优点，但它的实际应用被严重限制。

Yamada 等[63] 利用第一性原理计算了纯相 $LiMnPO_4$ 的带隙宽度为 2eV（如图 1-6 所示），表明纯相的 $LiMnPO_4$ 是绝缘体。Nie 等[53] 研究表明，从 $LiMnPO_4$ 向 $MnPO_4$ 转变时，体积的变化主要来自于 Mn^{3+} 的 Jahn-Teller 效应，不利于材料保持稳定。Lee 等[64] 采用库仑滴定法测得在不同的充电状态下，Li^+ 在 $Li_{1-y}MnPO_4$（$0\leqslant y\leqslant1$）中的扩散系数在 $8.8\times10^{-15}\sim2.9\times10^{-12}cm^2/s$ 之间，因此，纯相 $LiMnPO_4$ 没有电化学活性。

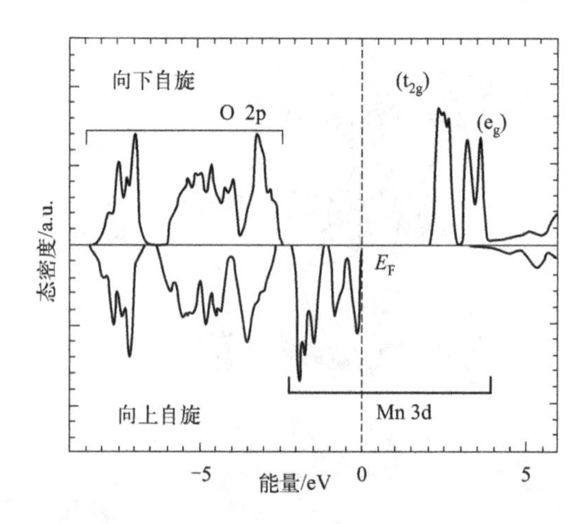

图 1-6 $LiMnPO_4$ 总态密度分布图[63]

影响 $LiMnPO_4$ 高电压正极材料电子电导率与离子电导率的主要因素包括：形貌因素、结构因素、晶粒尺寸因素、$LiMnPO_4$/C 的复合改性因素及其 $LiMnPO_4$ 的掺杂改性因素。这些影响因素都与 $LiMnPO_4$ 正极材料的合成工艺或改性工艺密切相关，因此在接下来的两小节内我们将对 $LiMnPO_4$ 正极材料的合成方法与改性工艺的研究现状进行综述。

（1）$LiMnPO_4$ 的合成方法

研究者针对较低的电子电导率、晶粒间的本征电导率和 Li^+ 的固相扩散系数的高电压正极材料 $LiMnPO_4$ 的合成制备已经开展了很多的工作，目前常见合成 $LiMnPO_4$ 的方法主要有固相法、水热法、共沉淀法、溶胶-凝胶法、喷雾合成法和溶剂热法等。

① 固相法

固相法合成 $LiMnPO_4$ 材料通常是将锂的碳酸盐、乙酸盐或磷酸盐，锰的硫酸盐、乙酸盐及 $NH_4H_2PO_4$ 或 $(NH_4)_2HPO_4$ 作为原料按照一定配比球磨混合均匀后，在惰性气氛下煅烧得到 $LiMnPO_4$，加入适量的碳或含碳有机物以达到包覆、防止材料氧化或控制粉体粒度的目的。煅烧过程分为一步煅烧和二步煅烧。一步煅烧是在较高温度（500～800℃）煅烧，冷却至室温，得到产物；二步煅烧则是先在较低温度下（350℃左右）预煅烧，将预产物取出研磨均匀，再于较高温度（600℃左右）煅烧，冷却至室温，得到产物，二步煅烧可以控制颗粒的尺寸。

Padhi 等[65] 采用二步固相合成法，以 Li_2CO_3、$Mn(CH_3COO)_2$ 和 $(NH_4)_3PO_4$ 为原料球磨，在 300～350℃预煅烧，空气气氛下 800℃煅烧 24h，首次合成了具有橄榄石结构的纯相 $LiMnPO_4$ 材料，由于纯相 $LiMnPO_4$ 结构上的缺陷导致其比容量只有 12mAh/g，随后有很多课题组尝试用固相法制备 $LiMnPO_4$。Ni 等[66] 在惰性气氛下，采用二步固相合成法，将合成后的 $LiMnPO_4$ 材料进行高能球磨，并且与加入 8%乙炔黑的 $LiMnPO_4$/C 进行了比较，结果表明，这种高能球磨得到的材料颗粒均一，从而能够大大改善材料的电化学性能，但是较 $LiMnPO_4$/C 材料，比容量衰减较快。总体来说，得到的产物即使在 0.05*C* 倍率下充放电（充放电倍率指电池在规定的时间内放出其额定容量所输出的电流，数值上等于额定容量的倍数，即充放电倍率＝输出电流/额定容量，通常以字母 *C* 表示），可逆比容量很少能超过 120mAh/g[67-69]。

固相法最大的优点是工艺和设备简单，制备条件易控制，易实现产业化。但是它的能耗高、周期长，合成产物的电化学性能相对较差，这主要是因为固相法很难控制产物晶粒的形貌和粒径，所得产物一次晶粒粒径大、分布广，高温煅烧还会导致晶粒发生团聚，团聚的二次晶粒粒径一般都在微米级，不利于电子的传输和 Li^+ 的扩散。

② 水热法

水热法制备 $LiMnPO_4$ 是以可溶性盐为原料，数种组分在去离子水或水-醇混合液中于高压反应釜 150～250℃之间直接化合或经中间态发生化学反应，合成 $LiMnPO_4$。这样高温、高压的环境有利于进一步提高反应物的溶解度、反应活度等；许多无机盐能够溶解到水溶液中，因此可以根据需求灵活地调整前驱体的种类，水热工艺参数调整方便。溶剂所采用的水具有廉价、无毒、兼容性好等优点，同时，水是一种极性非常强的液体，有利于目标产物的各向异性生长。Tucker 等[70] 首次成功采用水热法合成了 $LiMnPO_4$/C 材料，但是材料的性能较差。

由于水热反应过程通常在耐高温、高压的封闭反应器中进行，很难对反应过程进行实时观察和分析。因此，水热反应条件的控制对产物的形貌和性能有重要的影响。研究者对水热法合成 $LiMnPO_4$ 的反应原料、反应体系 pH 值、反应温度、反应时间以及添加剂对产物的形貌和性能的影响进行了研究。

不同的研究者采用不同的原料来合成 $LiMnPO_4$ 材料。通常采用有较好水溶性的 $LiOH \cdot H_2O$、$MnSO_4 \cdot 7H_2O$ 和 H_3PO_4 作为原料[71-72]，也可以采用其他可溶锂盐、锰源和磷酸盐作为反应原料。水热反应体系的初始 pH 值也会影响材料的纯度，Fang 等[73] 考察了 pH 值对水热法合成 $LiMnPO_4$ 电化学性能的影响，实验表明，水热反应的溶液在酸性和中性条件下都没能合成出 $LiMnPO_4$，pH 值在 10 左右的碱性条件才适合 $LiMnPO_4$ 的生成。水热反应温度主要影响产物的晶粒尺寸的大小，Fang 等[74] 研究了反应温度对材料性能的影响，研究显示，随着水热反应温度的升高，$LiMnPO_4$ 晶体的晶粒尺寸也随之降低，同时降低了 Li^+ 和 Mn^{2+} 之间的扩散阻碍，电化学性能逐渐增强。在水热反应体系中添加表面活性剂来控制 $LiMnPO_4$ 的形貌，Wang 等[75] 通过以柠檬酸为表面活性剂、无水乙醇-水（体积比 1∶1）为混合溶剂，分别在 180℃及 300℃进行 12h 的热处理，再将获得的样品与一定量葡萄糖混合并在 600℃进行 5h 氩气保护气氛煅烧，最终获得了微球形貌的 $LiMnPO_4$/C 复合材料，将这种复合材料进行充放电电化学性能测试，得到在0.01C恒流放电倍率下，获得107.3mAh/g的放电比容量。

③ 共沉淀法

共沉淀法是指把含锂、锰、磷的可溶性盐溶于水，通过调整工艺参数，如温度、pH值使前驱体沉淀出来。共沉淀法可将合成材料和晶粒细化一并完成，并能实现各组分在分子、原子水平上混合，通过控制沉淀条件得到不同大小和分散性的晶粒。

Delacourt等[76]通过热力学研究$Li^{+}/Mn^{2+}/PO_4^{3-}/H_2O$系统，得到pH值在10.2～10.7范围内最有可能形成$LiMnPO_4$相，0.05C倍率时比容量为70mAh/g。Xiao等[77]用共沉淀法合成$LiMnPO_4$，在0.05C倍率时比容量为115mAh/g，1C倍率时比容量为60mAh/g。

共沉淀法制备的材料晶粒粒径小，电化学性能比较好，但操作条件苛刻，如沉淀过滤困难，而且产物纯度不高，容易生成杂相，难以实现工业化生产。

④ 溶胶-凝胶法

溶胶-凝胶法作为低温或温和条件下合成无机材料的方法。其化学过程是首先将原材料分散在溶剂中，然后经水解反应生成活性单体，活性单体进行聚合，开始成为溶胶，进而生成具有一定空间结构的凝胶，经过干燥和热处理制备出纳米粒子和所需要材料。

Kwon等[78]开发了一种乙醇酸辅助溶胶-凝胶法合成$LiMnPO_4$材料的方法，包覆20%（质量分数）导电炭黑的140nm级$LiMnPO_4$/C材料在2.3～4.5 V电压窗口内0.1C和1C倍率下分别有134mAh/g和81mAh/g的放电比容量。Zhong等[79]在原料中加入柠檬酸，用氨水控制pH值到10.0，60℃得到胶体，500℃、10h得到玫瑰花状晶粒，温度和时间过高、过低都对晶型发育不利，而影响其电化学性能。

溶胶-凝胶法具有前驱体溶液化学均匀性好、凝胶热处理温度低、粉体晶粒细小均匀、反应过程容易控制、设备简单等优点。但溶胶-凝胶法干燥收缩大，生产周期长，工业化难度比较大。

⑤ 喷雾合成法

喷雾合成法主要分为喷雾裂解法和喷雾干燥法。这两种方法的主要区别是在喷嘴处雾化干燥温度的差别，喷雾裂解法温度较高，可以达到500℃，而喷雾干燥法干燥温度不超过400℃，两种方法都使物料以雾滴状态分散于热气流中，物料与热气体充分接触，在瞬间完成传热和传质过程，使溶剂迅速蒸发为气体，得到前驱体，并且能够形成形貌规则、重复性良好的球形晶粒[80-82]。此法制备过程中，溶液的浓度、反应温度、喷雾液流量、雾化条件等因素都会影响 $LiMnPO_4$ 粉体的性能。

Yang 等[83] 采用喷雾干燥法制备出了球形的前驱体。将前驱体跟乙炔黑球磨，经过高温热处理后，获得 $LiMnPO_4$/C 正极材料。0.05*C* 放电倍率下可以得到147mAh/g 的放电比容量。Bakenov 等[84] 将原料溶于蒸馏水中，经过超声，通入惰性气体在400℃进行反应，得到的粉末与炭黑球磨后，在500℃加热，获得晶粒均匀性能较好的 $LiMnPO_4$/C，在0.1*C* 倍率下首次放电比容量达到149mAh/g。

喷雾裂解法的特点是采用液相物质为前驱体，通过喷雾热解过程直接得到最终产物，无需过滤、洗涤、干燥等过程[85]。获得的产物比表面积大、纯度高、分散性好、粒度均匀，但是生产成本高、能耗大。

⑥ 其他合成法

其他合成 $LiMnPO_4$ 的方法有溶剂热法[86-88]、微波水热法[89] 等。Wang 等[86] 采用溶剂热法合成的 $LiMnPO_4$ 具有球形结构，改变反应条件可以增加球体表面的粗糙度，制备出纳米棒状晶粒，0.1*C* 倍率下的比容量为48.5mAh/g，包覆碳后增加到113.6mAh/g。Murugan 等[89] 采用微波水热法在较短的时间（15min）内合成出结晶性良好的纯相 $LiMnPO_4$ 材料，但是该材料比容量很低，只有12mAh/g 左右。该材料经700℃热处理1h 后，比容量也只有23mAh/g。

（2）$LiMnPO_4$ 的改性工艺

碳包覆、异类金属离子掺杂和晶粒纳米化均有利于提高 $LiMnPO_4$ 的性能，而这些方法通常相互关联，又受合成方法及工艺的影响。例如碳包覆既能够提高材料的表面导电性，又可以抑制晶体的生长；掺杂除了能够提高本征电导率外，还能够在一定程度上改变材料的形貌；晶粒尺寸小且分布均匀的材料有利于 Li^+ 的脱入和嵌出，形貌和粒径更容易通过合成方法和工艺来控制。所以，改性研究通常与合成方法有关，借助工艺控制来达到提高材料性能的目的[90]。

① 碳包覆

碳包覆是使用较多的一种改性方法[91-98]，用在提高 $LiMnPO_4$ 材料导电性方面，最早由 Li 等实施[90]，合成的碳包覆材料在室温比容量达到 140mAh/g，远高于同期其他研究小组的结果。在前驱体中加入一定比例的碳源，高温裂解的碳不仅作为还原剂在反应过程中还原高价离子，还可以吸附在材料表面阻止晶粒团聚长大，残留的碳可以提高材料的电导率。目前，常见无机碳源有柠檬酸、石墨烯、乙炔黑等，Dokko 等[91] 采用溶胶-凝胶法，直接在原料中加入 1%（质量分数）单壁碳纳米管来改性 $LiMnPO_4$，碳纳米管作为成核基体，增加了成核晶粒的数量，降低晶粒的尺寸；同时在晶粒内部形成一种网格结构，使得晶粒的比表面积提高了近 10 倍，从而提高了材料的电化学性能。Bakenov 等[99] 以科琴黑和乙炔黑为碳源进行合成后包覆，比较了两种导电炭黑对 $LiMnPO_4$ 的改性结果。经过碳包覆后的材料晶粒尺寸是未包覆颗粒尺寸的 10%，科琴黑包覆的晶粒获得了较大的比表面积，更容易吸附电解液，从而增加 Li^+ 的传导性来改善 $LiMnPO_4$ 材料的电化学性能。Zhong 等[100] 采用固相法，分别以蔗糖、柠檬酸和草酸为碳源进行原位碳包覆，考察三种不同碳源的改性结果，三种不同碳源均可改善材料的导电性能，而柠檬酸改善效果好于蔗糖和草酸。实验显示，煅烧过程中，有机酸的分解有利于控制晶粒尺寸，防止团聚现象的出现，有机碳源有聚苯乙烯、聚丙烯、聚乙烯醇、聚乙二醇、糖类、淀粉、蛋白质等。Jiang 等[101] 以石墨烯为碳源，采用喷雾干燥法合成出了 $LiMnPO_4/C$ 材料，因为石墨烯优异的固有性能，改性的 $LiMnPO_4/C$ 材料的电化学性能得到进一步的改善。聚乙二醇（PEG）以其无毒、两亲性和生物相容性等特点在功能材料的合成中得到了广泛应用[102-103]。研究者以 PEG[104-106] 为碳源，采用水热法、溶胶－凝胶法、高温固相法等合成出 $LiFePO_4/C$ 材料，能够控制晶粒形貌和尺寸，具有良好的电化学性能。

包覆晶粒的碳层结构对 $LiMnPO_4$ 电化学性能有着重要的影响，利用结构性能良好的碳层进行包覆，可以使用尽可能少的碳获得电化学性能优异的电极材料而不会影响其比能量。

② 异类金属离子掺杂

为了提高材料内部的质子传导性，一般情况下要进行金属离子掺杂，掺杂元素进入材料晶格内部来取代晶格上的一种或者几种元素，从而能够改善材料内部的本征电导率，同时能够抑制 Jahn-Teller 效应的产生。掺杂 Fe、Mg、Zn、Co、Cu、Ca、Zr 等金属元素[107-112]，是提高晶粒内部电子电导率的有效手段之一。根据掺杂元素位置的不同有锂位掺杂、锰位掺杂、磷位掺杂和氧位掺杂，常见的有锂位掺杂和锰位掺杂，并且掺杂位置和含量对橄榄石型 $LiMnPO_4$ 材料的掺杂效果有着重要的影响。

Yamada 等[109] 通过固相法掺杂 Fe 元素合成 $LiMn_{0.6}Fe_{0.4}PO_4$ 材料，$0.28mA/cm^2$ 下首次放电比容量达到 160mAh/g，大大提高了 $LiMnPO_4$ 的放电比容量。Chen 等[111] 通过水热合成法将 Mg 元素固溶到 $LiMnPO_4$ 材料中，研究表明，Mg 的加入可以改善材料的热力学性能，提高氧化还原反应的热稳定性，20%（摩尔分数）Mg 的固溶量能够有效缩短 Li^+ 的扩散路径，并且有利于晶体的发育，削弱了 Jahn-Teller 效应，从而增强了材料的结构稳定性，0.05C 倍率下比容量达 150mAh/g。Fang 等[112] 通过加入少量 Zn（摩尔分数为 2%），有效减小了充放电时的电池内阻，增加了 Li^+ 扩散性和相转变，通过固相法 700℃煅烧 3h 合成的 $LiMn_{0.98}Zn_{0.02}PO_4$ 材料的高倍率性能得到很大提高，5C 倍率下比容量达 105mAh/g。Yang 等[112] 采用二步固相法在 450～650℃氮气气氛下煅烧 5 h 合成 $LiMn_{0.95}Co_{0.05}PO_4$，0.05C 倍率下比容量达 144mAh/g，1C 倍率下比容量达 97mAh/g。Ni 等[110] 通过水热合成法制备了 $LiMnPO_4$、$LiMn_{0.98}Cu_{0.02}PO_4$、$LiMn_{0.95}Cu_{0.05}PO_4$。研究发现，$LiMn_{0.98}Cu_{0.02}PO_4$ 在 2.2～4.5 V 截止电压、0.1C 倍率下首次放电比容量为 121mAh/g，而 $LiMnPO_4$ 和 $LiMn_{0.95}Cu_{0.05}PO_4$ 分别为 101mAh/g 和 76mAh/g。

金属离子掺杂后，分散在 $LiMnPO_4$ 中的金属离子为 $LiMnPO_4$ 提供了导电桥，增强了粒子之间的导电能力，减少了粒子之间的阻抗，同时降低了晶粒的尺寸，从而提高 $LiMnPO_4$ 的可嵌锂容量。相对于表面碳包覆，金属离子掺杂不会降低材料的振实密度，有利于提高材料的比容量。

③ 减小晶粒尺寸

$LiMnPO_4$ 的晶粒半径的大小对电极容量有很大影响。晶粒半径越大，Li^+ 的扩散路程越长，Li^+ 的嵌入和脱出就越困难，$LiMnPO_4$ 容量的发挥就越受到限制。并且 Li^+ 在 $LiMnPO_4$ 中的嵌脱是一个两相反应，$LiMnPO_4$ 相和 $MnPO_4$ 相共存，因此 Li^+ 扩散要经过两相的界面，这也增加了扩散的困难。有效控制 $LiMnPO_4$ 的晶粒尺寸是改善 $LiMnPO_4$ 中 Li^+ 扩散能力的关键。

Murugan 等[107] 采用溶胶-凝胶法合成纳米 $LiMnPO_4$/C 材料。520℃合成的晶粒尺寸在 140nm 左右，0.1*C* 倍率下首次放电比容量为 134mAh/g。研究发现，600～800℃煅烧的 $LiMnPO_4$/C 材料晶粒尺寸会逐渐长大，700℃煅烧的材料晶粒尺寸增长到 830nm，0.1*C* 倍率下首次放电比容量降至 60mAh/g。可见，材料晶粒尺寸纳米化尤为重要，通过缩短 Li^+ 扩散的路程，可进一步提高材料的导电性，从而有效改善材料的高倍率放电性能。

1.3.1.2　$LiFePO_4$ 正极材料

橄榄石结构磷酸铁锂于 1997 年被 Padhi 团队发现、报道、申请专利并应用于锂离子电池，其与现有的钴系和锰系材料相比，优异的稳定性能使得它成为最有前途的锂离子动力电池正极材料[113]。图 1-7 和图 1-8 为 $LiFePO_4$ 的 XRD 和 SEM 图。形如橄榄石即是 $LiFePO_4$，是正交晶系的一种[114-115]。如图 1-9 所示，$LiFePO_4$ 为 Pnma 空间组，4 个 $LiFePO_4$ 为一个单元。在晶体结构中，磷氧四面体构成了晶体的骨架，且磷氧四面体与锂氧八面体共边。晶胞参数 a、b、c 分别为 6.008Å、10.334Å、4.693Å。$LiFePO_4$ 中阳离子的分布状态与六方密堆积四面体位置十分不同，因为有 O 的存在，构成了含 O 的四面体，FeO_6 八面体层与 B 和 C 面共角，就它们构成的线性链体而言，LiO_6 八面体的沿平行于 *B* 轴的方向同边缘分布。这些链由磷酸盐四面体以共同的角度和共同的边连接而成，形成立体三维结构，离子沿（010）通道迁移。磷酸铁锂的晶格十分稳定，原因在于 O 与 Fe 和 P 的牢固结合；磷酸铁锂的循环寿命长，原因在于其体积变化不明显；磷酸铁锂的电导率很低，原因在于有强的共价键存在[116]。

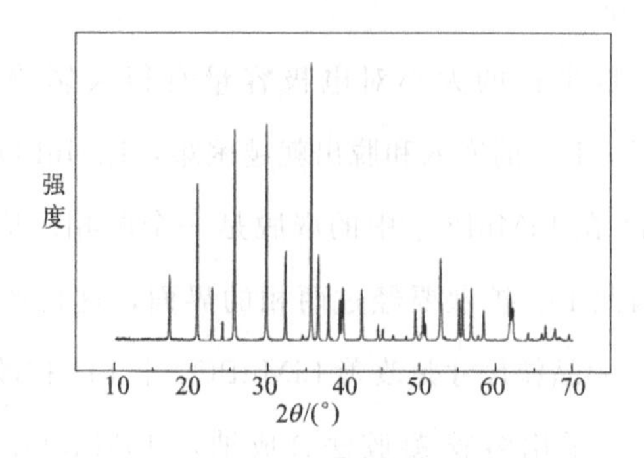

图 1-7 $LiFePO_4$ 的 XRD 图谱[114]

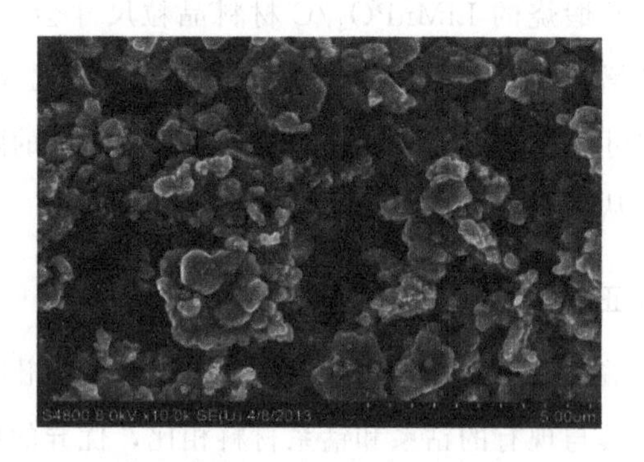

图 1-8 $LiFePO_4$ 的 SEM 图谱[115]

图 1-9 $LiFePO_4$ 的晶体结构示意图[116]

充放电反应是在 $LiFePO_4$ 和 $FePO_4$ 两相之间进行，如图 1-10 所示。在充电过程中，$LiFePO_4$ 逐渐脱出锂离子形成 $FePO_4$，在放电过程中锂离子插入 $FePO_4$ 形成 $LiFePO_4$。在锂离子反复嵌入与脱出的过程中，当晶格结构由 $LiFePO_4$ 转变为 $Li_{1-x}FePO_4$ 时，磷酸根离子可稳定整个材料的晶格结构。磷酸铁锂中 Li/Li^+ 配对形成的电压平台电位大都集中于 3.5 V，电化学放电曲线非常平坦稳定[117]。磷酸铁锂的充放电反应表示如下：

充电反应：$LiFePO_4 \longrightarrow xFePO_4+(1-x)LiFePO_4+xLi^++xe^-$　(1-1)

放电反应：$FePO_4+xLi^++xe^- \longrightarrow xLiFePO_4+(1-x)FePO_4$　(1-2)

由于在这两种物相互变过程中铁氧配位关系变化很小，故此电极材料虽然存在物相的变化，但是没有影响电化学效应的体积效应产生。当磷酸铁锂进行充电时，材料本身的体积约减少 6.5%，这也是材料具有良好循环性能的主要原因[118-119]。锂离子电池材料的理论容量计算公式为 $C_0=26.8nm_0/M$（公式中 n 为成流反应电子数，m_0 为活性物质完全反应的质量，M 为活性物质的摩尔质量)，通过公式可以快速地计算出磷酸铁锂的理论比容量为 169mAh/g，能量密度为 550Wh/kg 。

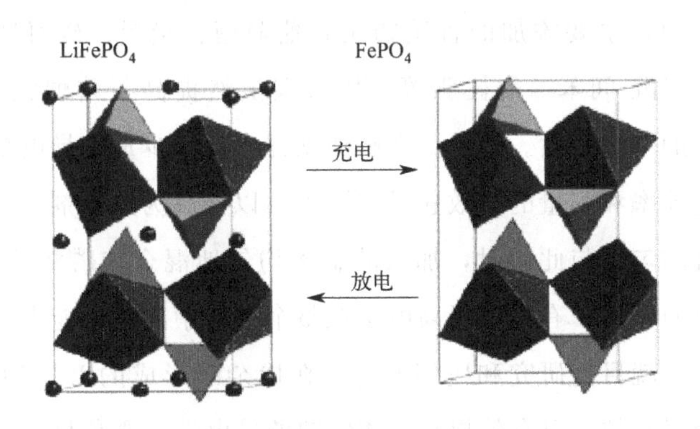

图 1-10　充放电前后 $LiFePO_4$ 和 $FePO_4$ 两相图[118]

磷酸铁锂虽然具有结构稳定、充放电循环性能好、安全、对环境无污染且价格便宜等优点，但是磷酸铁锂也存在两个明显的缺点，一是电子电导率低和锂离子扩散速率低（在室温条件下电导率和锂离子扩散速率远低于 $LiCoO_2$ 和 $LiMn_2O_4$），导致在高倍率下，充放电性能和循环性能不理想，实际放电比容量低；二是晶粒的形貌不规则导致堆积密度低，直接影响体积比容量。另外，橄榄石结构中氧原子是以六方密堆积的形式紧密排列的，锂离子在其中的运动空间有限，因而在室温下，材料的高倍率放电性能不理想，只适合在较小的电流密度下进行充放电循环。针对材料电子电导率和锂离子扩散速率低的缺点，有以下几种改进方法。

(1) 掺杂导电剂

往磷酸铁锂晶粒内部掺入导电碳材料或导电金属微粒，或者在磷酸铁锂晶粒表面包覆导电碳材料，增强了材料之间电子电导率，从而提高材料的电化学性能[120]。碳的加入，效果显著。因为碳晶粒小，分布在材料中不仅可以增大材料的比表面积，而且还能增大材料中锂离子的扩散面积，从而提高锂离子的迁移速度，同时可以起到减少粒子间发生相变时的体积压力。碳的加入具有细化磷酸铁锂晶粒的效果，使得磷酸铁锂晶粒粒径减小，从而锂离子的扩散距离缩短，晶粒之间的锂离子的电子传导能力加强，阻抗明显降低，进而提高材料的电子电导率和锂离子扩散速率。研究表明，不同的碳源对产物电化学性能的影响不同。目前，主要添加的含碳物质有葡萄糖、炭黑、碳凝胶、聚丙烯酰胺、聚丙烯、甲醛-间苯二酚树脂等。掺杂碳虽然提高了磷酸铁锂的电导率，但降低了材料的容量密度。另外，在磷酸铁锂中加入少量的导电金属晶粒也是提高其电子电导率和容量的有效途径[121-122]。以金属为成核剂制备的磷酸铁锂材料粒度小且均匀。与此同时，加入的金属均匀地混合在磷酸铁锂晶粒之间，起着内部导体的作用，有助于提高电子在整个材料中的传输能力从而提高材料的电子电导率。就目前研究和应用而言，在掺杂碳形成的 $LiFePO_4/C$ 复合物中同时掺杂金属晶粒，可有效提高磷酸铁锂的导电性，避免材料容量密度的下降，是今后该领域研究的重点方向之一。

(2) 掺杂金属离子

掺杂金属离子在不影响磷酸铁锂材料结构的情况下，能有效提高磷酸铁锂的离子扩散速率，明显改善其电导率，极大地降低电极的极化，提高电池的放电性能和循环性能，特别是在大电流下的充放电性能。与此同时，少量的金属离子掺杂几乎不影响材料的实际密度。研究表明，高价金属离子掺杂造成了磷酸铁锂晶格中锂和铁的缺陷，从而形成了 Fe^{2+}/Fe^{3+} 共存的混合价态结构，有效地提高了其导电性能和实际比容量。在磷酸铁锂晶格中掺入少量高价金属离子如 Mg^{2+}、Ti^{4+}、Zr^{4+}、Nb^{5+}，当一部分锂被取代后，磷酸铁锂由本征半导体转变为 n 型或 p 型半导体，从而材料的电子电导率和锂离子扩散速率得到提高。Chung 等人[123] 通过掺杂少量高价金属离子，如 Mg^{2+}、Al^{3+}、Ti^{4+} 等，掺杂后的 $LiFePO_4$ 电导率提高了 8 个数量级，室温下电导率达到 4.1 S/m，超过 $LiCoO_2$ 和 $LiMn_2O_4$。宋士涛等[124] 合成了 $Li_{0.99}V_{0.01}Cr_{0.02}Fe_{0.98}PO_4/C$ 材料，0.1C 倍率下首次放电比容量达到 163.8mAh/g，且循环性能良好。

(3) 提高堆积密度

堆积密度低是磷酸铁锂正极材料目前存在的主要缺点之一，这影响了该材料的导电性，也阻碍了电极材料的进一步小型化。目前磷酸铁锂材料大都由无规则的晶粒组成，粉体材料的堆积密度和实际能量密度均较低。粉体材料的晶粒形貌、粒径及其分布直接影响材料的堆积密度。唐昌平等[125] 应用控制结晶-微波碳热还原法制备的由粒径约 10μm 的球形晶粒组成的高密度 $LiFePO_4/C$，其振实密度高达 1.8g/cm^3，远高于一般非球形的磷酸铁锂（大多为 1.0～1.4g/cm^3）。

1.3.2　硅酸盐化合物

传统的阴极如 $LiCoO_2$、$LiMn_2O_4$、$Li[Ni_{1/3}Co_{1/3}Mn_{1/3}]O_2$ 和 $LiFePO_4$ 只提供 120～165mAh/g 的有限比容量[126]，因此寻找和开发高容量正极材料已成为电池材料研究人员的当务之急。与只有一个锂离子可逆循环的磷酸盐材料 $LiMPO_4$ 相比，硅酸盐材料 Li_2MSiO_4（M＝Mn、Fe、Co 和 Ni）原则上可允许两个锂离子可逆脱嵌，因此它（理论比容量约为 330mAh/g）比磷酸盐（理论比容量约为 170mAh/g）具有更高的比容量。与 $LiMPO_4$ 磷酸盐类似，相对较强的 Si—O 键也促进了晶格稳定效应。Li_2MSiO_4 化合物是由四面体排列的氧化物离子组成的结构，其中一半的四面体位置被阳离子占据。在Li_2MSiO_4中，阳离子的位点顺序可变化，四面体可以扭曲，从而产生丰富而复杂的多态性。在Li_2MSiO_4体系中，锂离子的脱出是两电子的氧化还原过程（即M^{3+}/M^{2+}和M^{4+}/M^{3+}氧化还原电对），这将产生更高的容量[127]。Li_2FeSiO_4、Li_2MnSiO_4和Li_2CoSiO_4的电化学研究表明，这些化合物在平均电压分别约为3.1V、4.2V和4.5V时，每个分子都能提供一个电子转移[128-129]。然而，尽管硅酸盐具有双电子容量能力，但这些材料也存在电子电导率较低、离子扩散系数较低的缺点。

1.3.2.1 Li_2FeSiO_4正极材料

近期，锂离子电池硅酸盐材料Li_2MSiO_4的研究取得巨大的突破，尤其是在Li_2FeSiO_4材料的研究上获得的成果更为突出。从表1-1[130]可以看出，Li_2FeSiO_4材料的理论能量密度可达1200 Wh/kg，明显大于传统阴极。2005年，Nytén等[131]利用高温固相法，在通入惰性气体氩气（Ar）作保护剂的前提下，以$FeC_2O_4 \cdot 2H_2O$、Li_2SiO_3和$Si(OC_2H_5)_4$(碳凝胶）作为反应物，750℃煅烧24h首次合成了Li_2FeSiO_4材料。结果显示：在60℃、$C/16$、20～37V的测试条件下首次充放电的比容量分别可达到165mAh/g和110mAh/g；数次循环后，充放电比容量分别稳定在140mAh/g和130mAh/g，显现出优良的充放电循环可逆性。同时，他们还指出Li_2FeSiO_4材料的晶格常数分别为$a=0.62661$nm，$b=0.53295$nm，$c=0.50148$nm，属于正交晶系Pmn21空间群。在循环伏安测试中，Li_2FeSiO_4有望出现两个氧化还原峰，一个在2.8 V (Fe^{2+}/Fe^{3+} vs Li^+/Li)，另一个在4.0 ～ 4.8 V (Fe^{2+}/Fe^{3+} vs Li^+/Li)。

表1-1 几种锂离子电池正极的电化学特性

正极材料	可逆比容量/(mAh/g)	平均电压(vs Li/Li^+)/V	能量密度/(Wh/kg)
$LiCoO_2$	150	3.9	580
$LiMn_2O_2$	120	4.1	490
$Li[Ni_{1/3}Co_{1/3}Mn_{1/3}]O_2$	165	3.7	610

续表

正极材料	可逆比容量 /(mAh/g)	平均电压 (vs Li/Li^+)/V	能量密度 /(Wh/kg)
$xLi_2MnO_3 \cdot (1-x)LiMO_2$	250	3.5	875
$LiFePO_4$	165	3.4	560
$LiMnPO_4$	145	4.0	580
$LiCoPO_4$	130	4.8	620
Li_2FeSiO_4	331	3.4	1200

Li_2FeSiO_4 的结构如图 1-11 所示[132]，Li_2FeSiO_4 的所有原子都以四面体配位形式存在，由 SiO_4 四面体、FeO_4 四面体、LiO_4 四面体通过共点而形成三维框架结构，O 原子以六方堆积分布。根据这些四面体中各顶角的方向不同，可分为正交晶系（Pmn21）和单斜晶系（P21/n）结构。最常见的 Li_2FeSiO_4 多晶型化合物在正交晶系空间群 Pmn21 中，这也是第一性原理计算中最稳定的结构[133-134]。一般情况，较低温度（600～700℃）下得到单斜相 Li_2FeSiO_4，较高温度（大于 700℃）下得到正交相 Li_2FeSiO_4。因为 Li_2FeSiO_4 的框架在力学上极其稳定，所以在锂离子嵌脱过程中难以发生变化，因而 Li_2FeSiO_4 材料具有良好的循环稳定性。

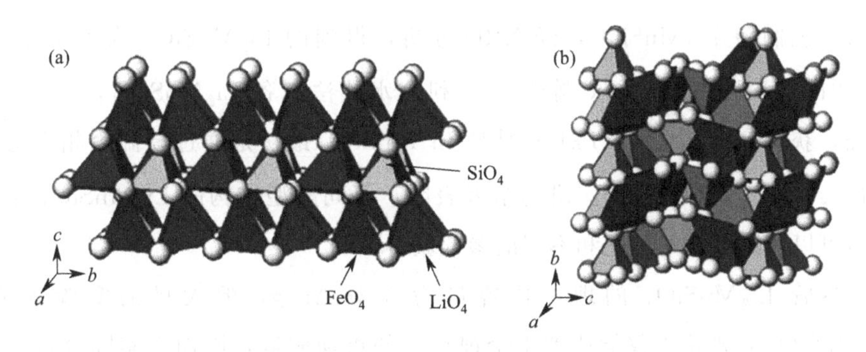

图 1-11　Li_2FeSiO_4 的结构示意图[132]

(a) 正交晶系（Pmn21）；(b) 单斜晶系（P21/n）

在 Li_2FeSiO_4 的实验和理论研究中发现，其阳离子位于一个接近六边形紧密排列的氧原子框架的四面体间隙中[135-137]。根据晶体结构的不同，过渡金属硅酸盐中的锂离子既可以成层排列，也可以成线排列，还可以成三维矩阵排列[138]。因此，这种材料的离子传导具有很强的各向异性。Li^+ 在 Li_2FeSiO_4 中扩散的研究表明，Li^+ 在 [100] 方向上的活化能 E_a 为 0.83eV，在 (100) 平面上的活化能 E_a 为 0.74 eV[139]。Li_2FeSiO_4 材料的第一个充电周期电压为 3.10V（vs Li/Li^+，下同），在第二个和之后的循环中降至 2.80V，即电压下降 0.30 V。

众所周知，锂离子电池的充放电倍率（指电池在规定的时间内放出其额定容量所输出的电流值，数值上等于额定容量的倍数，即充放电倍率＝输出电流/额定容量，通常以字母 C 表示）决定了需要耗费多少时间，将一定的能量存储到电池里面或者将电池里面的能量释放出来，而 Li_2FeSiO_4 正极材料虽然具有很高的理论容量，但具有电导率低、Li^+ 扩散缓慢等问题，致使材料的实际容量根本达不到其理论容量值，造成了在高倍率充放电时性能不佳的局面，因此通过改性来实现 Li_2FeSiO_4 正极材料的高品质化亟待解决。

1.3.2.2 Li_2MnSiO_4 正极材料

Li_2MnSiO_4 具有比较复杂的晶体结构，目前已报道的 Li_2MnSiO_4 晶体结构有三种，即 Pmn21、Pmnb 和 P21/n 空间组。Dominko 等人[140] 利用溶胶-凝胶工艺制备 Li_2MnSiO_4，经 XRD 分析，得到的 Li_2MnSiO_4 为正交晶系，Pmn21 空间群。Dompablo 等人[141] 利用水热法制备 Li_2MnSiO_4，经 900°C 焙烧，获得 Pmnb 晶体。P21/n 晶型 Li_2MnSiO_4 最初是通过高温固相方法由 Politaev 等人[142] 制得的。研究结果表明：不同晶型结构的 Li_2MnSiO_4 正极材料可以通过不同的工艺和不同的参数获得。

尽管 Li_2MnSiO_4 的理论比容量为 333mAh/g，但大量的实验表明，Li_2MnSiO_4 在理论上仅能达到 1 个锂离子的可逆脱嵌，因而其实际容量比理论上的要低得多。其主要原因是 Li_2MnSiO_4 的低电导率[143-144] 导致材料中的一些锂离子很难进行可逆脱嵌；另外，Mn^{2+} 的存在会导致 Li_2MnSiO_4 在循环过程中发生 Jahn-Teller 效应[145-146]，导致 Li_2MnSiO_4 的内部结构不稳定，且随循环次数的增多，Li_2MnSiO_4 结构发生损坏，从而容量下降。近年来，国内外学者对提高 Li_2MnSiO_4 的电导率及循环稳定性进行了大量的研究。

目前，已有许多制备 Li_2MnSiO_4 正极材料的方法，如：高温固相法、溶胶-凝胶法、水热法等。选择适当、简易的制备工艺，是提高 Li_2MnSiO_4 正极材料纯度及合成效率的关键要素。

（1）高温固相法

高温固相法[147-151] 是一种相对传统的锂离子电池材料合成工艺。该工艺是将反应物进行混合，然后在高温下进行煅烧，以得到最终目标产品。这种方法不仅耗能大，而且所得到的产品具有颗粒大、容易夹杂杂质等缺陷，但其工艺简单、成本低廉、产量大，能够在工业上大规模应用[152]。

（2）溶胶-凝胶法

溶胶-凝胶法[153-157] 是一种比较常用的材料合成工艺。该工艺是将反应物溶于溶剂中，然后搅拌均匀，在特定的条件下进行水解，形成凝胶，待干燥后在高温下进行焙烧，以获得最终目标产物。由于这种工艺可以将反应物均匀地混合在一起，所以得到的产品粒径更小、更均匀。但溶胶-凝胶法制备工艺复杂，反应时间长，无法实现大规模生产。

（3）水热法

在材料合成中，水热法[158-160] 是一种较为特殊的工艺。将反应物在高温、高压的液相中发生化学反应，使其溶解结晶，从而得到目的产品。与传统的方法相比（例如：高温固相法、溶胶-凝胶法），水热法具有低温、能耗少、操作简单等优点。通过控制水热反应条件，可以得到具有特定形状和颗粒大小的材料。

尽管 Li_2MnSiO_4 的理论比容量高达 333mAh/g，但其具有较低的电子电导率和离子迁移率，并且在充放电过程中会出现 Jahn-Teller 效应，使 Li_2MnSiO_4 的电化学性能下降。Li_2MnSiO_4 通常不能单独用作锂离子电池的正极材料，为了改善其导电性和循环稳定性，必须对 Li_2MnSiO_4 进行改性。目前，对其进行改性处理的方法有：碳包覆和掺杂。

碳包覆是通过将一层导电碳层覆盖于 Li_2MnSiO_4 表面以改善该材料的电

导率。碳包覆的方法有两种：原位碳包覆和纯相碳包覆。原位碳包覆是向前驱物中直接加入碳源，在前驱物反应产生 Li_2MnSiO_4 的过程中，形成碳包覆层。在 Li_2MnSiO_4 粒子的表面上形成了一层碳涂层，从而阻止了粒子进一步的发育，使粒子的粒径变小。但原位碳包覆需要较高添加量的碳源，而过量加入碳源不但会阻碍 Li_2MnSiO_4 的生成，而且会造成最后产品中的杂质含量较高。纯相碳包覆是指在已经制备好的 Li_2MnSiO_4 材料表面直接进行碳包覆。碳包覆改性法可以改善 Li_2MnSiO_4 的电导率和离子的迁移，从而使 Li_2MnSiO_4 的晶粒尺寸减小，使其导电性能得到显著提高。

掺杂[161-164] 是将适当的金属阳离子加入到 Li_2MnSiO_4 的内部结构中，从而改善该材料的离子迁移率。例如，采用 Mg^{2+}、Ni^{2+}、Ti^{2+} 等其他金属阳离子替代 Mn^{2+}，能在某种程度上抑制材料在充放电周期内的 Jahn-Teller 效应。

1.3.3 氟化磷酸盐化合物

氟化磷酸盐 $LiMPO_4F$（M＝Fe、V、Ti 和 Co）是橄榄石结构的衍生物，具有橄榄石结构系列的许多特征。PO_4^{3-} 的强诱导效应和 M-F 键的强离子性使其具有良好的热稳定性、优良的放电性能[165-166]。此外，这类材料还具有安全性高、成本较低的优势，氟的引入为 Li^+ 的扩散开辟了从一维离子通道到多维离子通道的途径[167]。此外，锂金属氟化磷酸盐 $LiMPO_4F$ 晶体与羟基磷酸盐 $LiMPO_4OH$（M＝Fe、V、Ti 和 Co 等）矿物具有相同的构型，属三斜晶系，空间群为 P1，锂离子被过渡金属八面体和磷酸盐四面体包围[168-170]。

随着研究的深入，另一种氟化磷酸盐 Li_2MPO_4F 也引起研究人员的注意。虽然 $LiMPO_4$ 和 Li_2MPO_4F 的空间基团是相同的，但从晶体学的角度来看，它们的结构有显著的差异。$LiMPO_4$ 有 MO_6 八面体、LiO_6 八面体和 PO_4 四面体；相比之下，Li_2MPO_4F 有 MO_4F_2 八面体而不是 MO_6 八面体[171-172]。Okada 等人[173] 报道了初步结果，证实了 Li_2CoPO_4F 在 5V 发生脱锂效应。Li_2NiPO_4F 化合物也得到了类似的结果，但由于电解液的不稳定性，Li_2NiPO_4F 的电化学测试仍然不成功。通过计算，估计 Li_2NiPO_4F 的开路电压为 5.1 V[174]。另外，由于 $LiFePO_4$ 和 $LiMnPO_4$ 分别与 LiF 的反应性较低，合成 Li_2FePO_4F 和 Li_2MnPO_4F 比较困难。

1.3.4 硼酸盐化合物

硼酸盐 $LiMBO_3$ 因其最轻的聚阴离子基团 BO_3 而受到广泛关注，它比其他聚阴离子正极材料具有更高的理论能量密度。Legagneur 等人首次报道了 $LiMBO_3$（M=Mn、Fe、Co）的电化学性能，在 $C/250$ 的倍率（理论比容量为 220mAh/g）下，每个分子只能脱嵌 0.04Li，即 9mAh/g[175]。$LiFeBO_3$ 中由 FeO_5 双金字塔和 BO_3 三角平面构建了三维 $FeBO_3$ 骨架。FeO_5 双金字塔沿 [101] 方向共棱形成单链，BO_3 与三链共角[176-177]。在这个三维框架中，Li 占据了共享一条边缘的两个四面体位点，形成了沿 [001] 方向运行的链[178]。直到 2010 年，Yamada 等人[179] 才优化了这种材料的全部潜力，实验和计算结果都支持其有接近 200mAh/g 的比容量。

1.4 第一性原理

1.4.1 第一性原理概述

第一性原理（first principle）也称从头计算法（ab initio calculation），是一种以原子核和电子相互作用的运动规律为基础，从所要研究的材料的原子组分开始，根据实际情况运用量子力学原理及其他物理规律，经过近似处理而求解薛定谔方程的算法[180-181]，其能够顺利预测指定材料的几何结构、电子结构、热力学性质和光学性质等。第一性原理最突出的特点是将多原子组成的实际体系看作只有电子和原子核组成的多粒子系统，运用量子力学原理最大限度地对结构进行精确控制，许多材料的基态性质可以在合成之前准确预测[182]。

密度泛函理论（DFT）常被应用于第一性原理，其是以电子密度函数作为基本点来求解原子、分子和固体的基态物理性质的一种量子力学方法，是现代电子结构计算的基础[183-184]。在电子数守恒的约束下，将能量泛函进行变分处理，即可得到这一理论中的 Kohn-Sham 方程。根据多粒子体系的电子密度求解 Kohn-Sham 方程，进而迭代自洽可以得到体系的基态电子密度，从而能进一步求解体系的其他基态性质[185]。

1.4.2 第一性原理在锂离子电池中的应用

第一性原理计算对解决锂离子电池在实际应用中遇到的各种问题（诸如安全性、电子电导率、锂离子嵌脱动力学等）有着重要的指导意义。当前，基于密度泛函理论的第一性原理计算方法已成为一种高效的技术，可用于评估不同新兴/新颖材料体系的设计潜力，有效地指导和补充了锂离子电池正极材料的实验探索。

锂离子电池电极材料的许多内在特性均可以用第一性原理精确计算，包括电压、结构稳定性、热稳定性、锂离子扩散速率、能带结构、表面性能和电子迁移势垒等[186]。理论计算的结果能够对现有的实验现象提供合理的理论解释，同时能够预测甚至设计出适合的锂离子电池正极材料，为实验提供切实可行的理论指导[187]。特别地，通过实验与计算相结合，在理解材料宏观现象与微观机制之间能够形成很好的呼应。

正极材料的材料规格对锂离子电池的整体性能有重要影响，从理论上探索不同材料体系对优化正极材料尤为重要。锂离子电池的电势、容量或能量密度和功率密度等性能都与正负极材料的内在特性有关。循环寿命取决于电极材料和电极/电解质界面的性质，而安全性则取决于电极材料和电解质的稳定性，以及电池的工艺设计。近年来，第一性原理计算机模拟技术在锂离子电池研究中已取得了一些非常有指导价值的研究成果，它对改变传统的材料设计实验方法产生了重大影响，为锂离子正极材料的合成与性能改善提供了指导性的理论分析和机理解释[188-190]，加快了新型高能、高功率密度锂离子电池电极材料的开发步伐。

第2章
第一性原理计算

2.1 第一性原理的理论基础

第一性原理计算指从所要研究的材料的原子组分开始，运用量子力学及其他物理规律，通过自洽计算来确定指定材料的几何结构、电子结构、热力学性质和光学性质等材料物性的方式。大体思想是将多原子组成的实际体系看作只有电子和原子核组成的多粒子系统，运用量子力学等物理原理最大限度地对问题进行“近似”处置，合理地预测材料的许多物理性质。用第一性原理计算的晶胞大小和实验值相较误差只有几个百分点，其他性质也和实验结果比较吻合，表现了该理论的正确性。

第一性原理计算可以精确到材料的每一个原子，可以在实验前直接预测出材料的结构和性质，该方法已经广泛应用于固溶体、表面工程、高分子以及生物体系的研究中。此外，它还能对实验数据得出的结论进行解释和推广，是目前材料科学与工程领域最有力的研究工具之一。随着计算方法的不断改进和计算机技术的迅速发展，第一性原理计算已经成为一种独立的科研手段。

2.1.1 多粒子体系的哈密顿量

第一性原理计算的本质是从所要研究的材料的原子组分开始，在系统的真实基本哈密顿量的基础上，将多个原子构成的体系理解为由电子和原子核组成的多粒子系统，并根据实际情况运用量子力学原理及其他物理规律求解多粒子系统的薛定谔（Schrödinger）方程。

此外，波函数（Ψ）可以描述体系状态以及对应的本征能量。根据量子力学的理论，任何多粒子系统的性质都可以通过求解系统的 Schrödinger 方程得到。对于一般的多粒子体系，其哈密顿量（$\hat{H}$）如式(2-1) 所示：

$$\hat{H}=\hat{T}+\hat{V}_{\text{int}}+\hat{V}_{\text{ext}} \tag{2-1}$$

式中，$\hat{T}$ 为系统的动能；$\hat{V}_{\text{int}}$ 为系统内元素的相互作用；$\hat{V}_{\text{ext}}$ 为外部元素对系统的作用。若利用上述公式来处理多电子系统，就必须考虑系统内电子和原子核的动能、电子之间的相互作用、原子核之间的相互作用、电子-原子核的相互作用。为了有效求解多电子系统的 Schrödinger 方程，需进行合理的简化和近似。

2.1.2 波恩-奥本海默（Born-Oppenheimer）近似

鉴于电子的质量远小于原子核的质量，且电子围绕原子核做高速运动，即原子核在平衡位置缓慢地跟随附近的电子发生振动，因此我们研究电子结构时可以将电子和原子核的运动相分离，并将原子核近似为静止态，这种方法就是波恩-奥本海默（Born-Oppenheimer）近似。在这种近似下，不同电子态之间不发生辐射跃迁，电子几乎绝热于原子核的运动，即电子一直处于基态（绝热状态），与基态离子的当前位置相对应，原子核和电子仅通过静电作用发生耦合效应，因此这种方法又称绝热近似。

值得注意的是，若利用这种方法求解原子核的运动，需要把电子态设定成平均势场，这样就不必考虑电子在空间的具体分布，只需根据原子核在这个势场中的哈密顿量（$\hat{H}$）来进行相关运算即可。

Born-Oppenheimo 近似常用于耦合的多电子体系，如高分子和固溶体。本书主要研究 $LiMn_{1-x}Fe_xPO_4$ 和 $Li_2Fe_{1-x}Mn_xSiO_4$ 固溶体系统的电子结构，显然研究体系为多电子系统。下面对其哈密顿量和 Schrödinger 方程的表达式进行简要推导。

设电子与原子核的坐标集分别为$\{r_i\}$和$\{R_j\}$，系统内每一个电子的质量

为 m_i，系统内每一个原子核的质量为 M_j。忽略其他外势场对此多粒子系统的作用，则系统的哈密顿量（$\hat{H}$）可用下式表示：

$$\hat{H}=\hat{H}_{e}+\hat{H}_{N}+\hat{H}_{e\text{-}N} \tag{2-2}$$

式(2-2) 中：

① $\hat{H}_e$ 表示电子的哈密顿量，由电子的动能 $\hat{T}_e(r)$ 与电子之间的相互作用 $\hat{V}_{e\text{-}e}(r)$ 构成，其表达如式(2-3) 所示，其中 $\hat{V}_{e\text{-}e}(r)$ 要求对所有 $i \leqslant I$ 的电子求和。

$$\hat{H}_{e}=\hat{T}_{e}(r)+\hat{V}_{e\text{-}e}(r)=-\sum_{i}\frac{h^{2}}{2m_{i}}\nabla_{i}^{2}+\sum_{i\leqslant I}\frac{e^{2}}{|r_{i}-r_{I}|} \tag{2-3}$$

式中，h 表示普朗克常数；∇_i^2 表示电子哈密顿算子的平方；r_i、r_j 表示电子坐标；i、I 表示电子标号。

② $\hat{H}_N$ 表示原子核的哈密顿量，由原子核的动能 $\hat{T}_N(R)$ 与原子核之间的相互作用 $\hat{V}_{N\text{-}N}(R)$ 构成，其表达如式(2-4) 所示，其中 $\hat{V}_{N\text{-}N}(R)$ 要求对所有 $j \leqslant J$ 的电子求和。

$$\hat{H}_{N}=\hat{T}_{N}(R)+\hat{V}_{N\text{-}N}(R)=-\sum_{j}\frac{h^{2}}{2M_{j}}\nabla_{j}^{2}+\sum_{j\leqslant J}\frac{Z_{j}Z_{J}e^{2}}{|R_{j}-R_{J}|} \tag{2-4}$$

式中，∇_j^2 表示原子核哈密顿算子的平方；Z_j、Z_J 表示原子核的位置，j 和 J 表示原子核标号；R_j、R_J 表示原子核的坐标。

③ $\hat{H}_{e\text{-}N}$ 由电子与原子核之间的相互作用构成，也可用 $\hat{V}_{e\text{-}N}(r, R)$ 表示，其表达如式(2-5) 所示，要求对所有电子 i 和原子核 j 求和。

$$\hat{H}_{e\text{-}N}=\hat{V}_{e\text{-}N}(r,R)=-\sum_{i}\sum_{j}\frac{Z_{j}e^{2}}{|r_{i}-R_{j}|} \tag{2-5}$$

在 Born-Oppenheimo 近似下，研究电子的本征态时，需将原子核固定在瞬时位置上，即可忽略原子核的哈密顿量。因此，$LiMn_{1-x}Fe_xPO_4$ 和 $Li_2Fe_{1-x}Mn_xSiO_4$ 固溶体多电子系统的哈密顿量可用式(2-6) 表示。

$$\hat{H}=\hat{H}_{e}(r)+\hat{H}_{e\text{-}N}(r,R)=-\sum_{i}\frac{h^{2}}{2m_{i}}\nabla_{i}^{2}+\sum_{i\leqslant I}\frac{e^{2}}{|r_{i}-r_{I}|}-\sum_{i}\sum_{j}\frac{Z_{j}e^{2}}{|r_{i}-R_{j}|} \tag{2-6}$$

则 $LiMn_{1-x}Fe_xPO_4$ 和 $Li_2Fe_{1-x}Mn_xSiO_4$ 固溶体多电子系统的定态 Schrödinger 方程可表为：

$$\left(-\sum_i \frac{h^2}{2m_i}\nabla_i^2+\sum_{i\leqslant I}\frac{e^2}{|r_i-r_I|}-\sum_i\sum_j\frac{Z_j e^2}{|r_i-R_j|}\right)\Psi(r,R)=E^H\Psi(r,R) \tag{2-7}$$

通过解式(2-7)的微分方程，从而可获得体系状态的电子波函数 $\Psi(r, R)$，其包含了所考虑体系的所有信息。然而，式(2-7)中电子和电子的库仑相互作用 $\hat{V}_{e\text{-}e}(r)$ 中 $\frac{1}{|r_i-r_I|}$ 项的求解相对困难，我们还需用 2.1.3 中的方法做进一步处理。

特别地，求解电子的本征态时，应该在电子的动能与电子之间的相互作用之间取得平衡，从而使得总能量最小，以达到稳定的状态。在 Born-Oppenheimo 近似下，只考虑电子的哈密顿量以及电子与原子核的相互作用，于是 $\Psi(r, R)$ 可分离为原子核的波函数 $X(R)$ 和电子的波函数 $\Phi(r,R)$，用式(2-8)表示：

$$\Psi(r,R)=X(R)\Phi(r,R) \tag{2-8}$$

2.1.3 哈特里-福克（Hartree-Fock）近似

在处理多电子系统的实际问题时，电子之间的运动是相互关联的并将各自组合在一起，即使在 Born-Oppenheimo 近似下，多电子系统定态 Schrödinger 方程的求解也极度复杂，因而需要作进一步的简化。

假定所有电子都相互独立地运动，电子之间的库仑作用平均化，即把每个电子的运动看作是在等效势场中的独立运动。在 $LiMn_{1-x}Fe_xPO_4$ 和 $Li_2Fe_{1-x}Mn_xSiO_4$ 固溶体的形成过程中只考虑一个电子，而把其他的电子对它的作用近似处理为某种势场，这种方法就是哈特里-福克（Hartree-Fock）近似，又称单电子近似或平均场近似，相应的定态 Schrödinger 方程可表示为：

$$\hat{H}_i\varphi_i(r_i)=E_i\varphi_i(r) \tag{2-9}$$

Hartree-Fock 近似的要点在于把原子核和内层电子近似看成一个离子实，

并对电子相互作用采取近似简化，进而将多电子问题转化成单电子问题，且离子实的势场、其他价电子的势场、电子波函数的反对称性势场共同构成了价电子的等效势场。下面对利用 Hartree-Fock 近似求解式(2-7) 进行简要推导。

将 $LiMn_{1-x}Fe_xPO_4$ 和 $Li_2Fe_{1-x}Mn_xSiO_4$ 多电子空间体系中第 i 个电子的状态设为 φ_i，其波函数记为 $\varphi_i(r_i)$。因系统内各单电子的运动状态相互独立，则多电子体系的波函数可表示为：

$$\Phi(r)=\varphi_1(r_1)\varphi_2(r_2)\cdots\varphi_n(r_n) \tag{2-10}$$

将式(2-10) 代入式 (2-7)，利用单电子波函数的变分原理与系统能量极小定理，可得：

$$\left[-\nabla^2+V(r)+\sum_{i'\neq i}\int\frac{|\varphi_{i'}(r')|^2}{|r'-r|}\mathrm{d}r'\right]\varphi_i(r)=E_i\varphi_i(r) \tag{2-11}$$

式中，∇^2 表示原哈密顿算子的平方；$V(r)$ 表示电子间的相互作用。

其中 $\sum_{i'\neq i}\int\frac{|\varphi_{i'}(r')|^2}{|r'-r|}\mathrm{d}r'$ 为势场算符，代表电子共同产生的平均势集合。

再设 $LiMn_{1-x}Fe_xPO_4$ 和 $Li_2Fe_{1-x}Mn_xSiO_4$ 多电子空间体系中描述第 i 个电子状态的波函数为 $\varphi_i(r_i, S_i)$，因考虑到电子波函数的反对称性势场，将 N 电子系统的波函数用下列行列式表示：

$$\Phi=\frac{1}{\sqrt{N!}}\begin{vmatrix}\varphi_1(q_1) & \varphi_2(q_1) & \cdots & \varphi_N(q_1)\\ \varphi_1(q_2) & \varphi_2(q_2) & \cdots & \varphi_N(q_2)\\ \vdots & \vdots & & \vdots\\ \varphi_1(q_N) & \varphi_1(q_N) & \cdots & \varphi_1(q_N)\end{vmatrix} \tag{2-12}$$

将式(2-12) 代入式(2-7)，利用变分原理，在研究 $LiMn_{1-x}Fe_xPO_4$ 和 $Li_2Fe_{1-x}Mn_xSiO_4$ 固溶体系统的电子结构时，多电子系统的定态 Schrödinger 方程可表示为：

$$\begin{aligned}&\left[-\nabla^2+V(r)+\sum_{i'\neq i}^{N}\int\frac{|\varphi_{i'}(r')|^2}{|r'-r|}\mathrm{d}r'\right]\varphi_i(r)\\ &-\left[\sum_{i'\neq i,s\parallel}^{N}\int\frac{\varphi_{i'}^{*}(r')\varphi_i(r')}{|r'-r|}\mathrm{d}r'\right]\varphi_{i'}(r)=E_i\varphi_i(r)\end{aligned} \tag{2-13}$$

其中，$[-\nabla^2+V(r)]\varphi_i(r)$为平均场形式，代表单电子动能与原子核对单电子的作用；$\sum_{i'\neq i}^{N}\int\frac{|\varphi_{i'}(r')|^2}{|r'-r|}\mathrm{d}r'\varphi_i(r)$ 代表电子之间的库仑作用；$\left[\sum_{i'\neq i,s\parallel}^{N}\int\frac{\varphi_{i'}^*(r')\varphi_i(r')}{|r'-r|}\mathrm{d}r'\right]\varphi_{i'}(r)$ 代表自旋平行的电子之间的交换能；“$\parallel$”表示只对与 φ_i 平行自旋的电子求和。

2.1.4 密度泛函理论

假定 $LiMn_{1-x}Fe_xPO_4$ 和 $Li_2Fe_{1-x}Mn_xSiO_4$ 多电子空间体系中的某个电子在平均势场中独立运动，而电子之间的瞬时相关作用也会影响电子体系的势能，因此 Hartree-Fock 近似仍有局限性。考虑到这种情况，我们在 $LiMn_{1-x}Fe_xPO_4$ 和 $Li_2Fe_{1-x}Mn_xSiO_4$ 多电子系统转化为等效的单电子系统时引入了密度泛函理论（DFT）。

密度泛函理论起源于 Thomas-Fermi 模型，能够利用 Hohenberg-Kohn 定理通过求解 Kohn-Sham 方程来更严格、更精确地研究多电子体系的电子结构，这种量子力学方法不仅为单电子问题的处理提供了理论依据，也是一种计算分子与电子结构和总能量的重要工具。

在 Thomas-Fermi 模型中多电子系统的总电子能量可以写成：

$$E_{\mathrm{T}}=\frac{3h^2(3\pi^2)^{2/3}}{10m}\int[n(r)]^{5/3}\mathrm{d}^3r+\int V_{\mathrm{ext}}n(r)\mathrm{d}^3r+\int n(r)V_{\mathrm{H}}(r)\mathrm{d}^3r \tag{2-14}$$

式中，m 表示电子的质量；$n(r)$ 表示粒子的基态电子密度；$V_{\mathrm{H}}(r)$ 表示电子-电子间的库仑相互作用。

Hohenberg-Kohn 定理认为：作用于多电子体系的外势总能量 $V_{\mathrm{ext}}(r)$都是基态电子密度 $N(r)$ 的唯一函数。此外，根据变分原理，电子系统的基态能量等于能量泛函对电子密度函数取极小值，即电子密度确定了，体系的基态性质就唯一确定了。

将基态电子密度 $N(r)$ 分解成如下 N 个波函数的平方和：

$$N(r)=\sum_{i}^{N}|\psi_i(r)|^2 \tag{2-15}$$

其中，$|\psi_i(r)|^2$ 构成正交归一的完备函数组，因此外势作用$U[N(r)]$泛函、系统内电子的动能 $T_0[N(r)]$泛函、系统内电子之间的库仑排斥作用 $E_h[N(r)]$泛函可分别写成如下形式：

$$U[N(r)]=\int V_{ext}(r)N(r)dr \tag{2-16}$$

$$T_0[N(r)]=-\frac{h^2}{2m_e}\sum_{i}^{N}\langle\psi_i|\nabla^2|\psi_i\rangle \tag{2-17}$$

$$E_h[N(r)]=\frac{1}{2}\int\frac{N(r)N'(r)}{|r-r'|}drdr' \tag{2-18}$$

因此，在这一定理下，系统的总能量泛函可写成：

$$E[\psi(r_1\cdots r_n)]=E[N(r)]=U[N(r)]+T_0[N(r)]+E_h[N(r)]+E_{xc}[N(r)] \tag{2-19}$$

其中，$E_{xc}[N(r)]$代表交换关联相互作用。对总能量泛函 $E[N(r)]$求偏导，可得式(2-20)。当总能量泛函 $dE[N'(r)]=0$，即 $E[N'(r)]$取极小值时，就是电子系统的基态能量。

$$E[N'(r)]=\int V_{ext}(r)N'(r)dr+T_0[N'(r)]$$
$$+\frac{e^2}{2}\int\frac{CN'(r)}{|r-r'|}drdr'+E_{xc}[N'(r)] \tag{2-20}$$

在电子数守恒的条件下，将系统的总能量泛函变分即可得到 Kohn-Sham（K-S）方程：

$$\left[-\frac{h^2}{2m}\nabla^2+V_{ks}N(r)\right]\psi_i(r)=\varepsilon_i\psi_i(r) \tag{2-21}$$

其中，$V_{ks}=V[N(r)]+\frac{\partial E_h[N(r)]}{\partial N(r)}+\frac{\partial E_{xc}[N(r)]}{\partial N(r)}$，按照 Kohn-Sham 的本征值 ε_i（亦称单电子波函数的能量），体系的总能量可写成如下格式：

$$E=\sum_{i}^{N}\varepsilon_i-\frac{1}{2}\int\frac{N(r)N'(r)}{|r-r'|}drdr'-\int V_{xc}[N(r)]N(r)dr+E_{xc}[N(r)] \tag{2-22}$$

式中，$V_{xc}[N(r)]$表示外加势场对系统的作用。

2.1.5 交换关联泛函

尽管利用密度泛函理论（DFT），$LiMn_{1-x}Fe_xPO_4$ 和 $Li_2Fe_{1-x}Mn_xSiO_4$ 固溶体的多电子问题被简化成相对容易求解的单电子基态问题，但是计算 Kohn-Sham 方程的过程中，交换关联能泛函的具体形式还是未知的，因而需要一些近似方法来模拟。

首先考虑到用式(2-23) 所示的交换关联泛函局域密度近似（local density approximation，LDA）来处理。该近似认为交换关联能量泛函仅仅与电子密度在空间各点的取值有关。

$$E_{xc}^{LDA}[N(r)]=\int N(r)\varepsilon_{xc}[N(r)]dr \tag{2-23}$$

其中，$\varepsilon_{xc}[N(r)]$表示多电子体系中每个电子的交换关联密度之和，则相应的局域交换关联势为：

$$V_{xc}^{LDA}=\frac{\partial E_{xc}^{LDA}[N(r)]}{\partial N(r)}=q_{xc}N(r)+N(r)\frac{\partial \varepsilon_{xc}[N(r)]}{\partial N(r)} \tag{2-24}$$

解式(2-23) 和式(2-24) 可得交换关联能为 $E_{xc}^{LDA}[N(r)]=-\frac{3e^2}{2\pi}[3\pi^2 N(r)]^{1/3}N(r)$，相应的势场为 $V_{xc}^{LDA}[N(r)]=-2e^2\left[\frac{3N(r)}{\pi}\right]^{1/3}$。

然而，局域密度近似理论上只适用于电子密度变化较缓慢的体系，否则会产生严重的误差。$LiMn_{1-x}Fe_xPO_4$ 和 $Li_2Fe_{1-x}Mn_xSiO_4$ 多电子系统的电子密度远非均匀，所以由局域密度近似计算得到的电子结构不能够满足实际要求，要进一步提高计算精度，需在此基础上进行改进。

鉴于 $LiMn_{1-x}Fe_xPO_4$ 和 $Li_2Fe_{1-x}Mn_xSiO_4$ 多电子系统电荷密度的不均匀性，我们引入电荷密度的梯度，利用式(2-25) 所示的广义梯度近似（generalized gradient approximation，GGA）的方法更精确地解决交换关联能，这是目前使用比较广泛的近似方法。

$$E_{xc}^{GGA}[N(r)]=\int N(r)\varepsilon_{xc}[N(r),|\nabla N(r)|]dr \tag{2-25}$$

广义梯度近似中 Perdew-Wang 911（PW911）、Perdew-Burke-Ernzerhof（PBE）和 RPBE 等最常用。当键拉长或弯曲时，$LiMn_{1-x}Fe_xPO_4$ 和 $Li_2Fe_{1-x}Mn_xSiO_4$ 多电子系统的电荷密度不均匀使其能量降低，利用 GGA 的方法能够改善固体结合能和平衡晶格常数的计算结果。

2.2 充放电模型

锂离子电池充放电过程中活性材料的体积变化是锂离子电池稳定性下降的主要原因，它限制了锂离子电池的循环寿命。通过系统的 DFT 计算发现充放电过程中相界面的运动机理可用“径向模型”或“马赛克模型”进行解释。

以 $LiMnPO_4$ 为例，首先进行“径向模型”的模拟。如图 2-1 所示，晶粒表面的 Li^+ 首先脱出形成 $MnPO_4$ 相。随着充电过程的进行，$MnPO_4$ 相界面由外向内不断收缩，直到 Li^+ 的脱出速率不能满足充电电流的需求时停止，此时颗粒中心未能及时脱出的 Li^+ 造成了不可逆容量；放电时，Li^+ 首先从外层嵌入，$LiMnPO_4$ 相界面移动方向同充电过程一致，最终晶粒中心有一小部分 $MnPO_4$ 相没能及时转换成 $LiMnPO_4$，而造成不可逆容量。由此可见，两相界

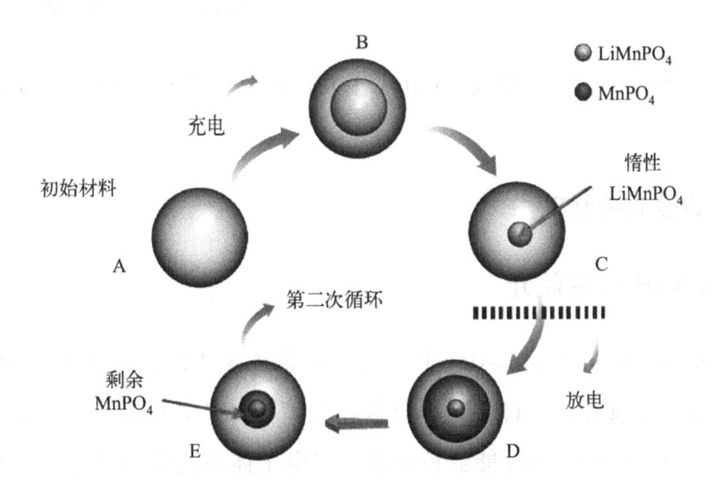

图 2-1　橄榄石结构 $LiMnPO_4$ 径向充放电模型

面间 Li^+ 传输速率的快慢是影响 $LiMnPO_4$ 材料倍率性能的关键因素之一。因此，在以后的研究中，要从提高 $LiMnPO_4$ 材料的电子电导率及锂离子扩散速率入手进行考虑。

图 2-2 为采用“马赛克模型”模拟 $LiMnPO_4$ 材料在充放电过程中相界面的运动过程。在充放电过程中，晶粒中均匀分布着很多“核壳结构”，这些核壳结构在充放电过程中两相界面的移动类似于“径向模型”，因此不可逆容量存在于每个核壳结构的中心部分以及核壳结构之间 Li^+ 不能到达的空间。研究表明，在这种模型中，两相界面间 Li^+ 传输速率的快慢是影响 $LiMnPO_4$ 材料倍率性能的关键因素之一。

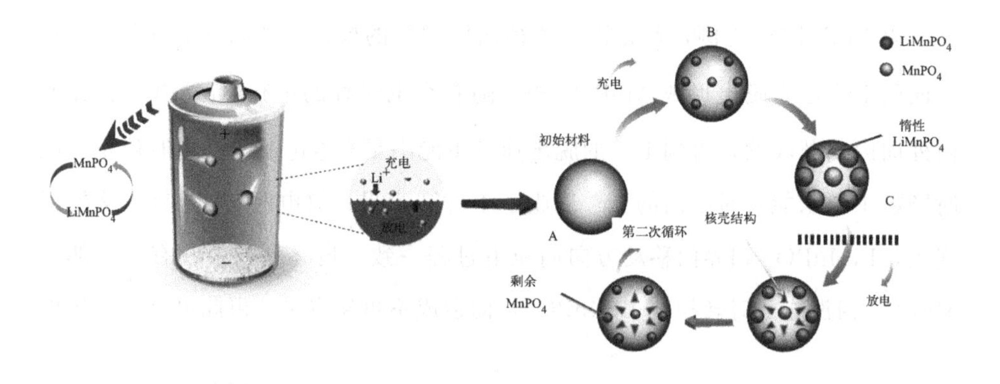

图 2-2 “马赛克模型”模拟 $LiMnPO_4$ 材料在充放电过程中相界面的运动过程

2.3 计算实际操作

2.3.1 VASP 软件简介

Vienna Ab-initio Simulation Package 是维也纳大学专门为材料科学领域研发的一款新一代强有力的材料模拟软件，用“VASP”表示，具有多种先进算法的综合应用。VASP 软件能够精确求解多电子体系的瞬时基态，在材料的电子结构计算和量子力学-分子动力学模拟方面发挥着极其重要的作用。采用 USPP、NCPP 或 PAW 方法来描述价电子与离子实的相互作用，大大减少了计算所需要的平面波数目。

在 VASP 软件的实际操作中，利用程序内自带的密度泛函理论（DFT）求解 K-S 方程，进而近似求解定态 Schrödinger 方程得到描述体系电子态和能量的波函数 Φ。此外对 Brillouin 区的积分使用 Blöchl 改进的四面体布点-积分方法，实现更快的 K 点收敛。VASP 软件包括以下功能板块：计算材料的结构参数和构型、计算材料的光学性质、计算材料的电子结构（包括能带、带密度、电荷密度、能级和 ELF）、计算材料的磁学性质、计算材料的声子谱、计算材料的激发态、分子动力学模拟和表面体系模拟等。

2.3.2　计算细节与方法

密度泛函理论的优势在于不管粒子体系是多少，粒子密度分布只是三个变量的函数，用它来描述体系显然比用波函数描述要简单得多，问题可以得到极大简化。本书使用广义梯度近似（GGA）中的平面波赝势法来求解薛定谔方程。本书通过使用 VASP 5.2 软件，在密度泛函理论的框架下利用投影缀加波（projector augmented wave，PAW）方法，在原子水平上对 $LiMn_{1-x}Fe_xPO_4$ 和 $Li_2Fe_{1-x}Mn_xSiO_4$ 体系的晶体结构、成键情况、能带、态密度、局域电荷密度和差分电荷密度等一系列的微观信息展开研究，从而得到材料结构与电化学性能的关系，为材料的实验改性方案的设计提供相应的理论依据。

所有的晶体结构图都用 VESTA 软件包绘制。首先采用共轭梯度（CG）方法对 $LiMn_{1-x}Fe_xPO_4$ 和 $Li_2Fe_{1-x}Mn_xSiO_4$ 的初始晶体结构进行计算，并对其胞型和原子坐标进行优化。其次在绝热近似和单电子近似的基础上，利用自洽计算来求解 Kohn-Sham 量子力学方程，并判断电子密度和晶胞能量的计算结果是否达到了预设的收敛标准。如果达到了收敛标准，就能够满足热力学和动力学稳定条件，从而可以进一步计算理论设计的掺杂晶体的物理和化学性质；如果没有达到收敛标准，需要重新设置新的晶胞参数，进入求解 Kohn-Sham 量子力学方程再循环阶段。

对优化后的晶体结构进行能量的计算，能量计算包括材料的态密度、能带、布居数等。电子自洽计算的 SCF 收敛标准为 1.0×10^{-8} eV · atom^{-1}，计算循环的过程直到体系能量变化都小于此设定的收敛值时，计算完全收敛。交换关联能在 Perdew 和 Wang 参数化（PW91）中的自旋极化 Perdew-Burke-Ernzerhof 的广义梯度近似（GGA-PBE）中处理。

考虑到 $LiMnPO_4$ 和 Li_2FeSiO_4 晶胞中的 Mn-3d 和 Fe-3d 轨道下电子的局域性而呈现的关联作用，GGA 近似不能准确描述该材料晶格的电子结构。因此，在总能量泛函中加入 hubard-like 修正项（GGA＋U）进行修正，Mn、Fe 的有效 U 值分别设为 3.9eV 和 5.3eV，波函数在平面波中的截止动能设为 520eV。为充分收敛应力，采用 Monkhorst-Pack 方法对布里渊区进行积分。采用 2×2×2 的 k 网格进行结构松弛，采用 4×4×4 的 k 网格进行能量最小化计算。用共轭梯度法对所有材料的几何结构、晶格向量和原子坐标进行了充分优化，直到作用在每个弛豫原子上的所有力都小于 0.05eV/Å。

第3章 聚阴离子型 $Li_2Fe_{1-x}Mn_xSiO_4$ 正极材料第一性原理计算

3.1 引言

第一性原理计算可以使理论和实验之间建立紧密的联系，它既可以用来验证从实验分析中得出的结论，也可以用于指导尚未确定的材料实验，因此它已被确立为一种十分有价值的研究工具。第一性原理计算时，本书以密度泛函理论（densty functional theory）作为计算的基础，使用 VASP 5.2 材料分析软件对体系的总能量进行计算。VASP 5.2 的整体构架就是基于密度泛函理论求解 K-S 方程的一种方法，它运用了密度泛函理论中的平面波赝势方法来进行第一性原理计算，以此来探索像矿物、金属、半导体等晶体构造及其性质还有规律。其比较经典的应用有晶体化学键结构的研究、态密度的计算、光学性质的探究和晶体表面性能的探索等方面。此外，也可以使用 VASP 5.2 去有效地探究点缺陷和扩展缺陷等现象所带来的影响。VASP 5.2 计算需要进行三个任务，即单点能量的计算（energy）、几何优化（geometry optimization）和分子动力学分析（dynamics），这些计算都会得到一个特定的晶体材料的物理性能。我们在电子结构计算之前进行了几何优化。进行几何优化时，利用了广义梯度近似的方法，对交换关联能选项采用 Perdew Wang 91 来计算。本书中涉及的聚阴离子型锂离子电池材料第一性原理计算以 $Li_2Fe_{1-x}Mn_xSiO_4$ 正极材料为例，其他材料计算建模和有关计算类似。

为了研究 Li_2FeSiO_4 正极材料电子电导率低和锂离子扩散能力差的原因，许多科研人员从基于第一性原理的理论模拟角度对其进行了许多研究。例如，在自旋密度泛函计算的基础上，首次巧妙地利用广义梯度近似（GGA）的 Perdew-Burke-Ernzerhof（PBE）版本，比较研究了 Si 被 C、Ge、Sn 原子部分取代时 Li_2FeSiO_4 的结构和电子特性。研究表明：这些掺杂物显著地改变了晶格参数和相应的体积；掺杂剂的存在使带隙减小，导电性能得到明显改善；总态密度和部分态密度确定了由掺杂元素诱导的杂质态出现在导带边缘附近。Mulliken 族群的分析结果表明，掺杂剂的存在使 Li—O 键的离子特性降低，导致 Li^+ 更容易松动和移动。此外，还得出了出乎意料的结论，即掺杂 Ge 和 Sn 的 Li_2FeSiO_4 虽然体积膨胀、带隙变窄和离子键减少，但却提高了电子导电性，这种现象为 Li_2FeSiO_4 正极材料的增强机制的研究开辟了新思想。

本章从第一性原理出发，计算并讨论了 $Li_2Fe_{1-x}Mn_xSiO_4$ 体系的晶体结构、成键情况、力学性能、理论平均放电电压、能带、态密度、局域电荷密度和差分电荷密度对材料电化学性能的影响，揭示了其充放电过程中的晶体结构和电子结构的转变，以及电子输运等微观机理，为进一步改进 Li_2FeSiO_4 正极材料的电化学性能提供了理论依据，其他聚阴离子型正极材料的第一性原理计算都与本章的算法一致。

3.2 Li_2FeSiO_4 的第一性原理研究

3.2.1 Li_2FeSiO_4 材料的晶体结构分析

本小节首次以正交 Pmn21 晶系结构的 Li_2FeSiO_4 为研究对象进行研究。在 Li_2FeSiO_4（mp-18968）的 Materials Project 中检索，通过查阅其 CIF 文件，发现其晶格常数为 $a=6.33912Å$，$b=5.40810Å$，$c=5.00919Å$，$\alpha=90.00°$，$\beta=90.00°$，$\gamma=90.00°$，$V=171.72809Å^3$，且一个 Li_2FeSiO_4 晶胞中有 4 个 Li 原子、2 个 Fe 原子、2 个 Si 原子、8 个 O 原子。CIF 文件中优化前晶胞中各原子的分数坐标如表 3-1 所示。

根据晶胞参数和表 3-1 中列出的原子分数坐标可建立 Li_2FeSiO_4 材料的晶

体结构模型，如图 3-1 所示。从图中可以得到如下信息：Li 与 4 个 O 原子结合形成 LiO_4 四面体，Li-O 键距离的分布范围为 1.96～2.01Å。Fe 与 4 个 O 原子结合形成 FeO_4 四面体，Fe-O 键距离的分布范围在 2.03～2.10Å 之间。Si 与 4 个 O 原子结合形成 SiO_4 四面体，有一个较短的（1.65Å）和 3 个较长的（1.66Å）Si-O 键。其中，一个 LiO_4 四面体分别与 4 个等价 LiO_4 四面体、4 个等价 FeO_4 四面体和 4 个等价 SiO_4 四面体共享角；一个 FeO_4 四面体分别与 4 个等价 SiO_4 四面体和 8 个等价 LiO_4 四面体共享角；一个 SiO_4 四面体分别与 4 个等价的 FeO_4 四面体和 8 个等价的 LiO_4 四面体共享角。有 3 个相等的 O 位：这 3 个 O 位分别各自与两个相等的 Li、一个 Fe 和一个 Si 原子成键，形成共享角的 OLi_2FeSi 四面体。这些结构使 Li_2FeSiO_4 骨架更加稳定，有利于锂离子在材料中的迁移[107]。

表 3-1　原子坐标和占据数

元素 vs 位置	数目	x	y	z	占据数
Li^+ vs Li0	4	0.24966375	0.66839525	0.55748750	1
Fe^{2+} vs Fe1	2	0.00000000	0.82897275	0.06359350	1
Si^{4+} vs Si2	2	0.00000000	0.17047875	0.54942100	1
O^{2-} vs O3	4	0.21385025	0.31437675	0.65967900	1
O^{2-} vs O4	2	0.00000000	0.17994375	0.21985400	1
O^{2-} vs O5	2	0.00000000	0.87689125	0.64762600	1

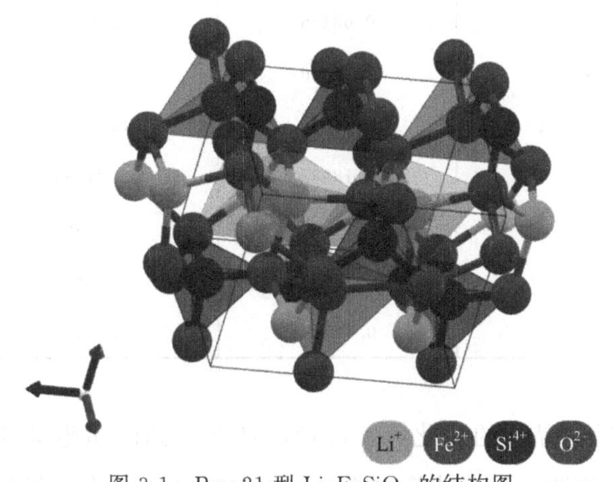

图 3-1　Pmn21 型 Li_2FeSiO_4 的结构图

采用共轭梯度法对 Li_2FeSiO_4 材料的几何结构、晶格向量和原子坐标进行了充分优化。由于 Fe 元素的存在对 Li_2FeSiO_4 晶格有较大影响，因此在优化模型中需考虑 Fe-3d 轨道的自旋。先以表 3-1 的原子分数坐标为初始值，对晶胞进行弛豫计算，直到作用在每个弛豫原子上的所有力都小于 0.05eV/Å，即各个离子处于平衡状态。在此基础上对晶胞进行静态自洽计算，得到优化的晶格结构。优化后的每个原子分数坐标见表 3-2。

表 3-2 优化（弛豫）后的每个原子分数坐标

原子类型	x	y	z
Li1	0.24986	0.66901	0.55655
Li2	0.25014	0.33099	0.05655
Li3	0.74986	0.33099	0.05655
Li4	0.75014	0.66901	0.55655
Fe1	0	0.8264	0.06463
Fe2	0.5	0.1736	0.56463
Si1	0	0.17059	0.54957
Si2	0.5	0.82941	0.04957
O1	0.21419	0.31534	0.66013
O2	0.28581	0.68466	0.16013
O3	0.71419	0.68466	0.16013
O4	0.78581	0.31534	0.66013
O5	0	0.18033	0.21885
O6	0.5	0.81967	0.71885
O7	0	0.87653	0.64842
O8	0.5	0.12347	0.14842

表 3-3 列出了优化前后的晶胞的变化，发现理论计算得到的晶胞参数和 CIF 数据误差不超过 3%，说明采用的计算方法足够准确，可以正确预测晶体的结构和性质。

表 3-3 由 CIF 和 DFT 计算得到的 Pmn21 型 Li_2FeSiO_4 的晶胞参数对比

Li_2FeSiO_4	a/Å	b/Å	c/Å	α/(°)	β/(°)	γ/(°)	V/Å^3
CIF	6.33912	5.40810	5.00919	90.00	90.00	90.00	171.72809
优化结果	6.32467	5.38606	4.98956	90.00	90.00	90.00	169.969703
误差	−0.23%	−0.41%	−0.39%	0%	0%	0%	−1.02%

为了更准确地考虑本小节第一性原理计算的结果与 CIF 文件中的实际晶体差别，根据式(3-1) 计算了各个原子不同位置的偏移距离，即相对偏差。发现 Fe 偏移较小，这与前人研究基本一致。

$$d=\sqrt{[(x-x_0)\times 6.33912]^2+[(y-y_0)\times 5.40810]^2+[(z-z_0)\times 5.00919]^2} \tag{3-1}$$

其中，x_0，y_0，z_0 为优化前 CIF 文件中的原子坐标；x，y，z 为优化后的原子坐标。

此外，为了理清 Pmn21 型 Li_2FeSiO_4 材料的力学性能，本书采用应力-应变法，通过在晶体上施加一系列应力并进行拟合，对其弹性常数矩阵 $[C_{ij}]$ 进行了计算，其具体数值如表 3-4 所示。力学性能稳定的标准是弹性常数矩阵的特征值>0。由表可知 Li_2FeSiO_4 材料的特征值为正数，表明 Li_2FeSiO_4 具有稳定的晶体结构和良好的韧性，有利于 Li^+ 的有效脱离。

表 3-4 Pmn21 型 Li_2FeSiO_4 材料的弹性常数

方向	*XX*	*YY*	*ZZ*	*XY*	*YZ*
XX	129.57	66.43	0	0	0
YY	65.82	214.92	0	0	0
ZZ	42.31	63.86	0	0	0
XY	0	0	45.26	0	0
YZ	0	0	0	35.31	0
ZX	0	0	0	0	42.79

依据表 3-2 中列出的原子分数坐标在 VESTA 软件中绘制了优化后的 Li_2FeSiO_4 晶体结构模型，包括 35 个原子、40 个键、10 个多面体，如图 3-2

所示。可以看出，Pmn21 型 Li_2FeSiO_4 由 FeO_4 四面体、SiO_4 四面体和 LiO_4 四面体以一维锁链形状构成了类似二维的平面层状结构，SiO_4 四面体和 FeO_4 四面体沿着 a 轴连成链状，在 b 和 c 方向链与链之间被 LiO_4 四面体紧密连接在一起，这种结构为 Li^+ 的移动提供了一条四面体的通道。研究表明，在 Li_2FeSiO_4 材料的充放电过程中，晶体沿 b、c 轴方向同时伸缩是脱锂时 Li_2FeSiO_4 材料晶胞体积膨胀的主要原因。

Pmn21 型 Li_2FeSiO_4 晶胞中存在四种不同的 Li 位置，分别由 Li(1)、Li(2)、Li(3)、Li(4)构成，且 Li 在上述位置的占据率均为 100%。将此优化后的 Li_2FeSiO_4 作为初始结构，对 Li_2FeSiO_4 的电子结构（能带、态密度）进行了计算，见 3.2.2 节。

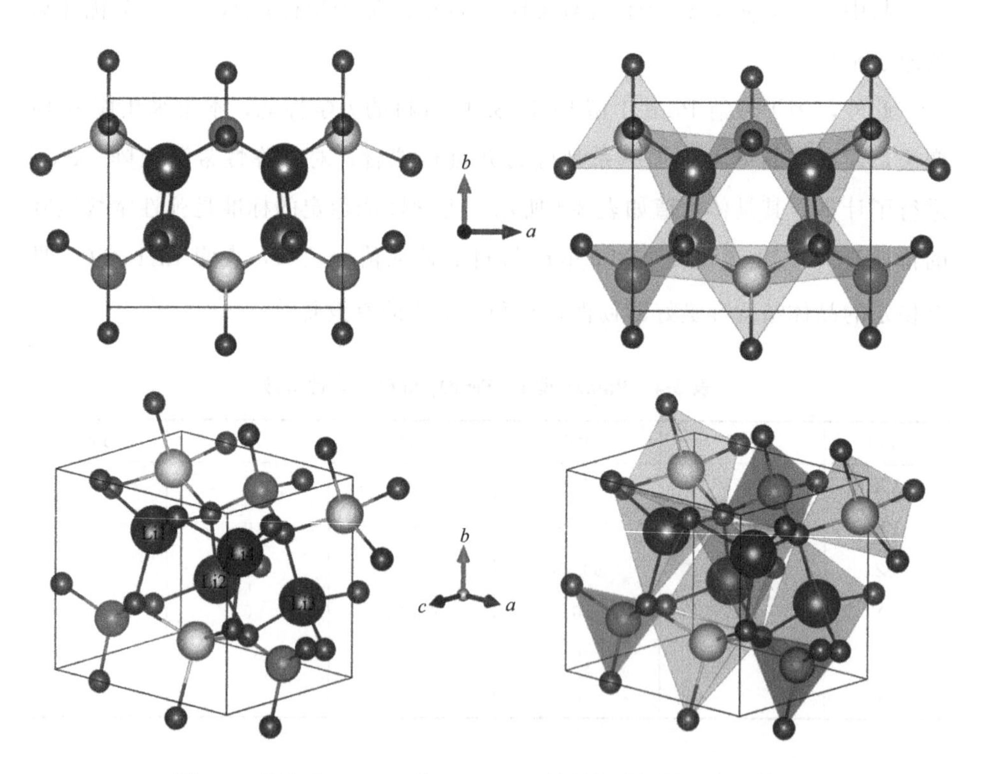

图 3-2 优化后 Pmn21 型 Li_2FeSiO_4 材料的球棍图和多面体图

紫色为 Li 原子，黄色为 Fe 原子，绿色为 Si 原子，红色为 O 原子

在 Li_2FeSiO_4 材料中，起磁性作用的为 Fe 元素。从图 3-3 可以看出 Li_2FeSiO_4 为反铁磁性，总磁化量为 0.00μB/f.u.，具有 2 磁位数，符合 6 交换对称。因此在计算材料的电子结构时，设定材料处于反铁磁性基态，考虑了 PW91 中的自旋极化 GGA-PBE 近似，并将波函数在平面波中的截止动能提高到了 520eV，且 k 网格间距选取 0.04$Å^{-1}$。

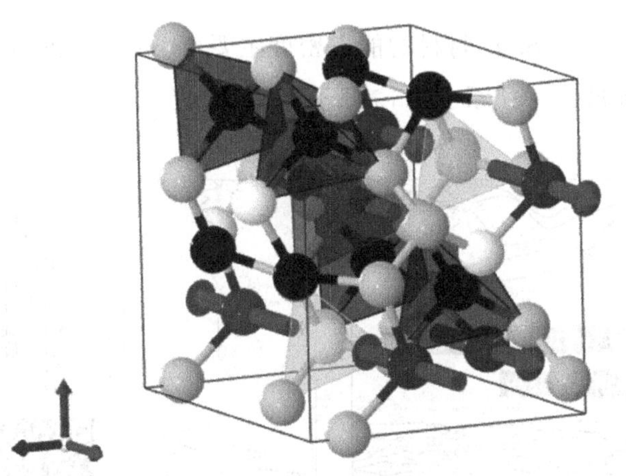

图 3-3 Pmn21 型 Li_2FeSiO_4 材料的磁性示意图

3.2.2 Li_2FeSiO_4 的电子结构

由于费米能级附近的能带对材料的物理化学性质有重要的影响，且晶胞中原子数较多，能级比较密集，因此本小节在考虑 Fe-3d 轨道电子自旋极化的 GGA 近似的前提下重点讨论费米能级附近的本征 Li_2FeSiO_4 电子结构（图 3-4）。

图 3-4 中的计算结果还表明 Li_2FeSiO_4 费米能级附近能带的宽度较小，说明组成这条能带的原子轨道扩展性较弱，载流子有效质量增大，不利于载流子迁移，导致晶体导电性能低，这与实验上硅酸盐材料的低电导率行为相符合。此外 Li_2FeSiO_4 带隙为 3.1236eV(CBM－VBM＝5.1774eV－2.0538eV)，带隙较宽，这说明 Li_2FeSiO_4 是典型的半导体材料。在能带理论中，带隙又称能

隙，指的是导带最低点与价带最高点之间的能量差。带隙越大，电子从价带被激发到导带越困难，导致本征载流子浓度较低，从而使材料的导电性较低。因此，这种宽带隙使得 Li_2FeSiO_4 材料的导电性能较差，可以预测 Li_2FeSiO_4 材料具有半导体性能。被束缚的电子要成为自由电子或者空穴，就必须获得足够的能量从价带跃迁到导带。如果不经过改性直接投入使用，会大大降低这种材料的实用价值。

图 3-4(b) 说明了 Li_2FeSiO_4 材料的能态密度主要由 Fe 原子和 O 原子贡献，且 Fe-3d 轨道贡献最大，Si 原子和 Li 原子贡献较小。

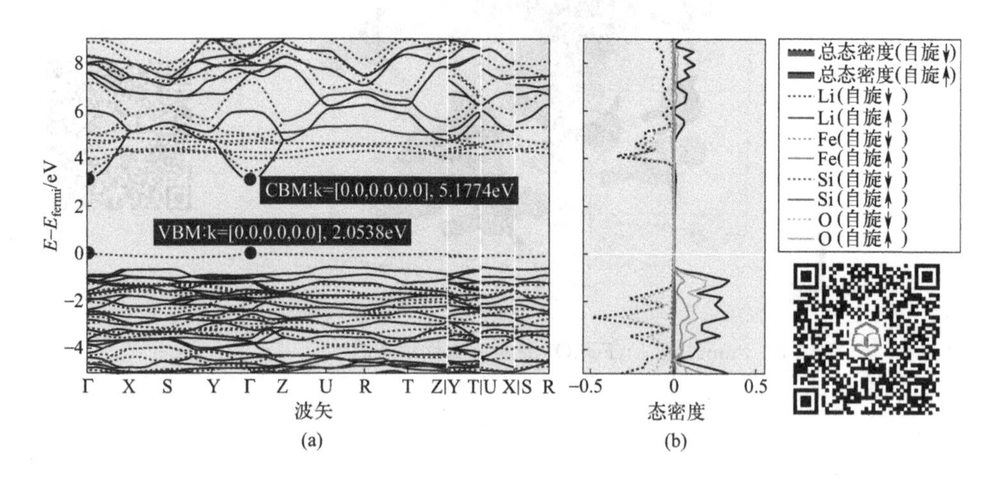

图 3-4　考虑电子自旋极化的 Li_2FeSiO_4 电子结构

(a) 能带；(b) 态密度

3.2.3　Li_2FeSiO_4 的布居

通过分析电子在 Li_2FeSiO_4 晶体中各原子轨道上的分布，可以深入了解 Li_2FeSiO_4 的原子成键情况，这种分析方法称“Mulliken 布居分析”，通过将分子轨道理论所获得的波函数转化为直观的化学信息，从而研究分子中化学键的类型和强度。具体思维是把优化后的 Li_2FeSiO_4 晶胞里每一个原子的电荷分布平均分配给 s、p、d 原子轨道，然后把所有轨道的电子求和，得到该原子的总电子数，然后通过该原子的最外层电子数与总电子数的差值求得该原子的净电荷（Mulliken atomic charges）。特别地，Fe 原子容易失去其最外层电子形成 Fe^{2+}，此后 Fe^{2+} 极易再次失去一个电子进而被氧化成 Fe^{3+}，此时其 d 轨道为半充满状态，故对于 Fe 元素的计算，取 Fe^{3+} 的最外层电子数为 7 进行处理。

Li_2FeSiO_4 材料中 Li、O、Si 和 Fe 原子的初始价电子的构型分别为：$2s^1$，$2s^22p^4$，$3s^23p^2$ 和 $3d^64s^2$，各原子的价电子 Mulliken 布局及其净电荷如表 3-5 所示，晶胞内各原子标号见图 3-5。净电荷值越大代表该原子与 O 形成共价键的共价成分越高。Si 的净电荷最大，为 2.356e，Li 的净电荷最小，为 0.915e，说明 Li_2FeSiO_4 材料中形成了很强的 Si—O 共价键和 Li—O 离子键，因此 Li_2FeSiO_4 材料中的 Fe—O 键和 Si—O 键对其热稳定性起着关键作用。

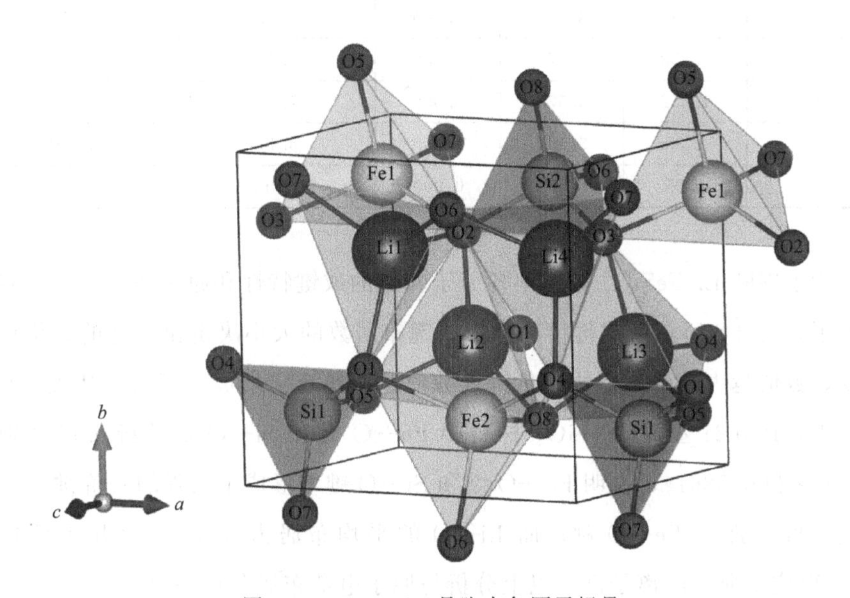

图 3-5　Li_2FeSiO_4 晶胞内各原子标号

表 3-5　Li_2FeSiO_4 材料中各原子的价电子数及其净电荷

原子类型	各价电子轨道上的电子数			总电荷/e	净电荷/e
	s	p	d		
Li1	2.025	0.060	0.000	2.085	0.915
Li2	2.025	0.060	0.000	2.085	0.915

续表

原子类型	各价电子轨道上的电子数			总电荷/e	净电荷/e
	s	p	d		
Li3	2.025	0.060	0.000	2.085	0.915
Li4	2.025	0.060	0.000	2.085	0.915
Fe1	0.307	0.371	6.111	6.789	0.211
Fe2	0.307	0.371	6.112	6.79	0.21
Si1	0.665	0.979	0.000	1.644	2.356
Si2	0.665	0.979	0.000	1.644	2.356
O1	1.55	3.575	0.000	5.125	0.875
O2	1.549	3.575	0.000	5.125	0.875
O3	1.549	3.575	0.000	5.125	0.875
O4	1.549	3.575	0.000	5.125	0.875
O5	1.552	3.577	0.000	5.129	0.871
O6	1.552	3.575	0.000	5.126	0.874
O7	1.55	3.561	0.000	5.111	0.889
O8	1.55	3.559	0.000	5.11	0.89

为了判断 Li_2FeSiO_4 晶体中各分子轨道的成键特性和原子间化学键，我们进行了如表 3-6 所示的成键情况分析。键布居数的大小决定化学键的共价性的强度，数值越大越容易形成共价键，数值越小越容易形成离子键。从表 3-6 可以看出，Pmn21 型 Li_2FeSiO_4 材料中 Fe—O 键和 Si—O 键的键布局分别为 0.3879e 和 0.5861e，说明 Fe—O 键和 Si—O 键均形成了较强的共价键且 Si—O 键共价性强于 Fe—O 键；而 Li—O 的平均布居为 0.0322e（几乎接近于零），形成了典型的离子键。以上分析与原子电荷布居分析一致。

表 3-6　Pmn21 型 Li_2FeSiO_4 材料原子的键布居与平均键长

	Si—O	Li—O	Fe—O
键布居/e	0.5861	0.0322	0.3879
平均键长/Å	1.6562	1.9806	2.0471

3.3 过渡金属 Fe 位掺杂 Li_2FeSiO_4 的第一性原理研究

由以上分析可知，Li_2FeSiO_4 材料的电子结构受 Fe-3d 轨道电子的影响显著，因此进行 Fe 位掺杂最有可能改善 Li_2FeSiO_4 的导电能力。在对 Li_2FeSiO_4 进行改性研究过程中，可以通过掺杂原子的引入，使 Fe-3d 轨道的电子发生变化，从而对其微观结构产生影响，进而有效改善 Li_2FeSiO_4 材料的电化学性能。锰（Mn）与 Fe 一样是 3d 过渡金属，因此 Li_2FeSiO_4 材料的 Fe 位掺杂少量 Mn 金属可以提高导电性，能满足电池对材料的电化学性能的要求。为了理解掺杂 Mn 原子如何在微观尺度上改变 Li_2FeSiO_4 的结构、化学和电子性质，本节通过基于密度泛函理论的第一性原理计算研究了不同 Mn 掺杂量下 Mn 原子的掺杂效应。

针对硅酸盐材料的低电导率行为，对 Li_2FeSiO_4 进行了掺杂并构建了 $Li_2Fe_{1-x}Mn_xSiO_4$ 体系。考虑到能量密度的问题，本节仅研究了低锰含量的情况，即 x 取值为 0、1/24、1/12、1/8、1/4。本节同样使用投影缀加波方法进行密度泛函理论计算，交换关联势采用广义梯度近似（GGA）下的 PBE 形式。为了研究库仑效应对于过渡金属 d 电子的影响，在总能量泛函中加入 hubard-like 修正项（GGA＋U）进行修正，Mn、Fe 的有效 U 值分别设为 3.9eV 和 5.3eV，波函数在平面波中的截止动能设为 520eV。

3.3.1 $Li_2Fe_{1-x}Mn_xSiO_4$ 掺杂体系模型的构建

理论上 Mn、Fe 元素所占坐标位置相同，因此在建模时为了简化问题，可假设材料为 Li_2FeSiO_4，然后将部分 Fe 原子分别用 1/24，1/12，1/8 和 1/4 的 Mn 原子代替，即 Mn 与 Fe 的比例分别为 1∶23、1∶11、1∶7 和 1∶3，得到 $Li_2Fe_{1-x}Mn_xSiO_4$ 结构。$Li_2Fe_{1-x}Mn_xSiO_4$（$x=0$、1/24、1/12、1/8、1/4）的超胞结构和各掺杂量下 Mn 的位置如图 3-6(a)～(e)所示，每个超胞中有 4 个 Li 原子、2 个 Si 原子和 8 个 O 原子，其中 $Li_2Fe_{23/24}Mn_{1/24}SiO_4$ 有 23 个 Fe 原子和 1 个 Mn 原子，$Li_2Fe_{11/12}Mn_{1/12}SiO_4$ 有 22 个 Fe 原子和 2 个 Mn

原子，$Li_2Fe_{7/8}Mn_{1/8}SiO_4$ 有 21 个 Fe 原子和 3 个 Mn 原子，$Li_2Fe_{3/4}Mn_{1/4}SiO_4$ 有 18 个 Fe 原子和 6 个 Mn 原子。

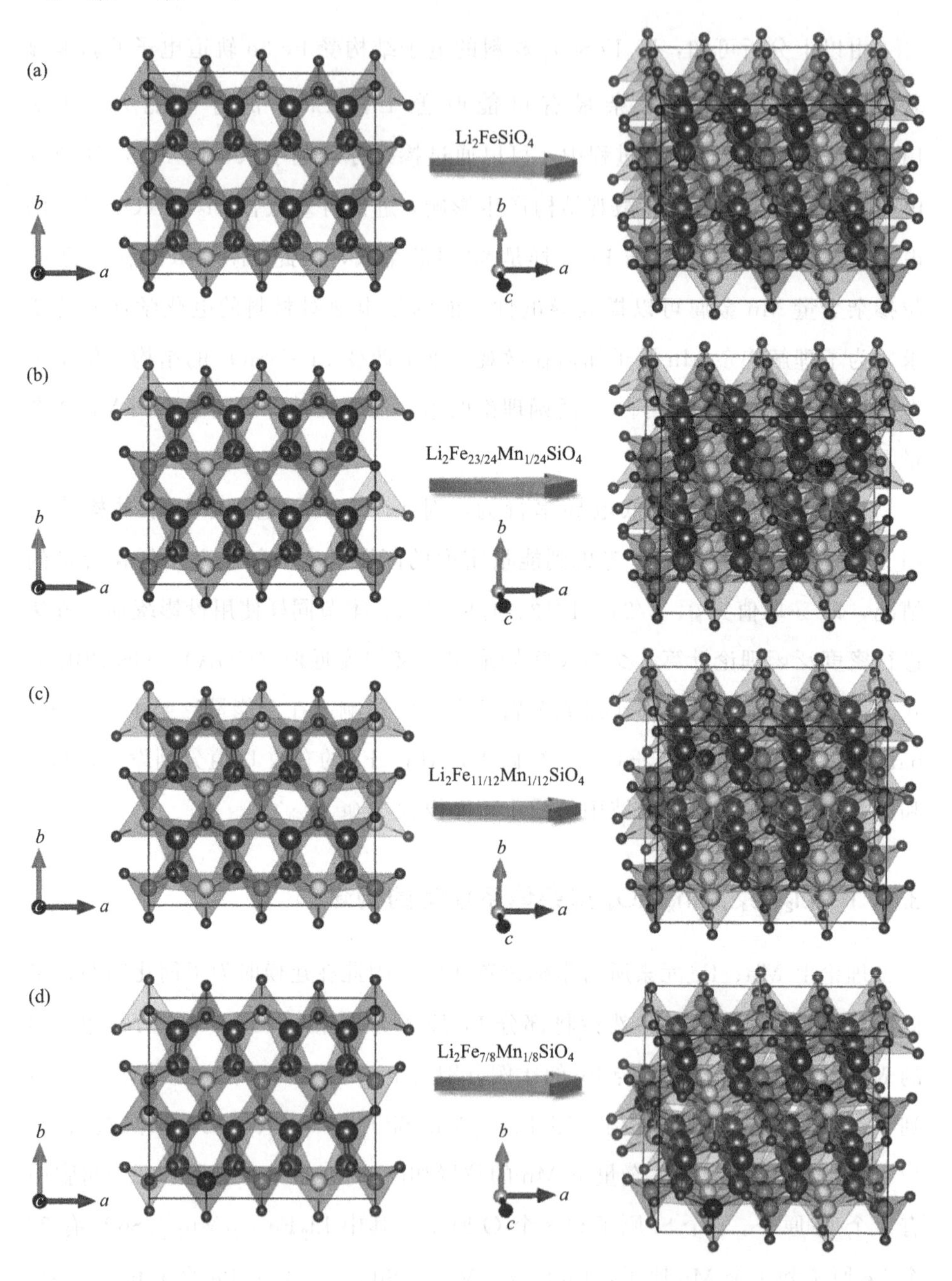

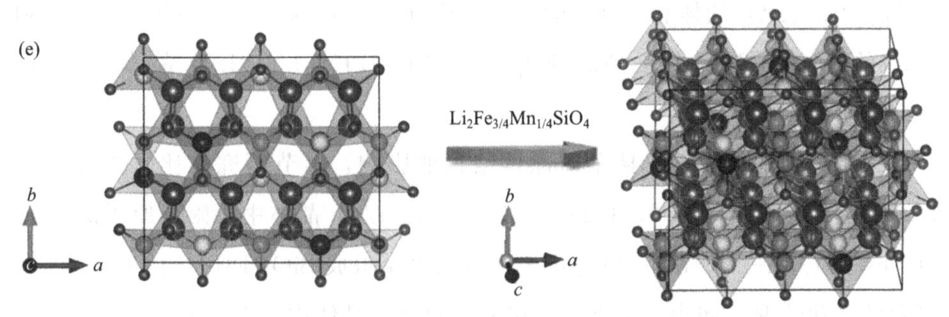

图 3-6 $Li_2Fe_{1-x}Mn_xSiO_4$（x=0、1/24、1/12、1/8、1/4）的超胞结构和各掺杂量下 Mn 的位置

紫色为 Li 原子，黄色为 Fe 原子，蓝色为 Mn 原子，绿色为 Si 原子，红色为 O 原子

3.3.2 $Li_2Fe_{1-x}Mn_xSiO_4$ 掺杂体系的结构稳定性

计算细节和方法与前文相同，构建模型并进行几何优化，得到的 $Li_2Fe_{1-x}Mn_xSiO_4$（x=0、1/24、1/12、1/8、1/4）晶体结构的各项参数如表 3-7 所示。在优化得到的晶体结构和自洽计算得到的晶胞电荷分布的基础上计算得到态密度和电荷密度。

表 3-7 $Li_2Fe_{1-x}Mn_xSiO_4$（x=0、1/24、1/12、1/8、1/4）体系的晶格参数

x	a/Å	b/Å	c/Å	α/(°)	β/(°)	γ/(°)	V/Å^3	$\Delta V/V$/%
0	12.6348	10.7877	14.9818	90.000	90.000	90.000	2042.0298	—
1/24	12.6541	10.7801	14.9790	89.987	90.000	90.000	2043.3071	0.06
1/12	12.6617	10.7759	14.9792	89.974	90.000	90.000	2043.7866	0.09
1/8	12.6647	10.7768	14.9834	89.987	90.000	90.000	2045.0095	0.1
1/4	12.6779	10.7830	14.9978	89.974	89.994	90.001	2050.2895	0.4

由表 3-7 可知，$Li_2Fe_{1-x}Mn_xSiO_4$（x=0、1/24、1/12、1/8、1/4）晶格常数（a、b、c）变化微弱，轴角 α、β、γ 也只有微小变化，因此 $Li_2Fe_{1-x}Mn_xSiO_4$ 体系基本保持了原来的正交结构。随着 Mn 掺杂量的增加，a 一直在增大，b 和 c 先减小后增大。掺杂后晶胞体积相应增大，可能是因为 Mn 离子半径大于 Fe 离子半径。掺杂晶体 $Li_2Fe_{23/24}Mn_{1/24}SiO_4$、$Li_2Fe_{11/12}Mn_{1/12}SiO_4$、$Li_2Fe_{7/8}Mn_{1/8}SiO_4$ 和

$Li_2Fe_{3/4}Mn_{1/4}SiO_4$ 的体积与 Li_2FeSiO_4 相比分别只有 0.06%、0.09%、0.1%和 0.4%的增加，说明 $Li_2Fe_{1-x}Mn_xSiO_4$（$x=1/24$、1/12、1/8、1/4）晶体仍具有稳定结构。

为了更详细了解 Mn 掺杂对晶体结构的影响，本节研究对比了掺杂前后 $Li_2Fe_{1-x}Mn_xSiO_4$（$x=0$、1/24、1/12、1/8、1/4）晶体中心附近原子的 Li—O、Fe—O、Si—O、Mn—O 键的平均键长以及组成 SiO_4 四面体的 O—Si—O 键角的变化情况，如表 3-8 所示。在 Li_2FeSiO_4 晶体中掺杂 Mn 后，Si—O 键长和 O—Si—O 键角变化不明显，说明由 SiO_4 四面体组成的晶体主体结构变化很小，$Li_2Fe_{1-x}Mn_xSiO_4$（$x=1/24$、1/12、1/8、1/4）仍保持与原材料基本一致的晶格的骨架结构，维持了较好的结构稳定性。Si—O 键的长度明显小于 Li—O、Fe—O、Mn—O 键，相比之下 Mn—O 键长比 Fe—O 键长要长，掺杂后晶格常数的微弱变化可能由此引起。掺杂后 Li—O 键与未掺杂时相比较，键长减小说明掺杂后锂离子和氧离子之间的成键的结合能有所减小，这有利于锂离子的脱嵌，在一定程度上增加锂离子的扩散速率。Mn 掺杂量为 1/24 和 1/12 材料的 Fe—O 键长略微增大，显示出更弱的共价特性，说明 $Li_2Fe_{23/24}Mn_{1/24}SiO_4$ 和 $Li_2Fe_{11/12}Mn_{1/12}SiO_4$ 的结构稳定性略微减弱。键长与键角的变化，带来的结果是使正交结构向内收缩，层与层之间的空间增大，这能够使得锂离子的扩散更加容易，有利于锂离子的嵌入和脱出，从而使材料的电化学性能变得更加的优异。研究晶体结构主要是为了研究该材料组成的电池的循环稳定性，将在第 5 章的实验研究中对比说明循环稳定性。

表 3-8　$Li_2Fe_{1-x}Mn_xSiO_4$（$x=0$、1/24、1/12、1/8、1/4）体系的 Li—O、Fe—O、Si—O、Mn—O 键长和 O—Si—O 的键角比较

x	Li—O 键长/Å	Fe—O 键长/Å	Si—O 键长/Å	Mn—O 键长/Å	O—Si—O 键角/(°)
0	1.9823	2.0452	1.6569	—	110.4648
1/24	1.9807	2.0481	1.6564	2.0868	110.4650
1/12	1.9768	2.0486	1.6568	2.0893	110.4642
1/8	1.9792	2.0422	1.6563	2.0891	110.4641
1/4	1.9817	2.0437	1.6566	2.0884	110.4646

从化学键角度初步分析出了掺杂量为 1/24 的样品可能为最佳掺杂体系，下面以它为例，分析锂离子在 $Li_2Fe_{23/24}Mn_{1/24}SiO_4$（Pmn21）内的扩散路径。图 3-7 显示了在 $Li_2Fe_{23/24}Mn_{1/24}SiO_4$ 中的三种可能扩散路径，且扩散过程中的迁移势垒越小则扩散越容易。路径 1：同一锂层上相邻的 Li 离子沿着 a 轴（[100] 晶面）直线扩散；路径 2：同一锂层上的 Li 离子在相邻的 Si-O 四面体和 Fe-O 四面体之间呈复杂的 Z 字形跳跃移动；路径 3：不同层上的 Li 离子穿越 Si-O 四面体和 Fe-O 四面体进行扩散。

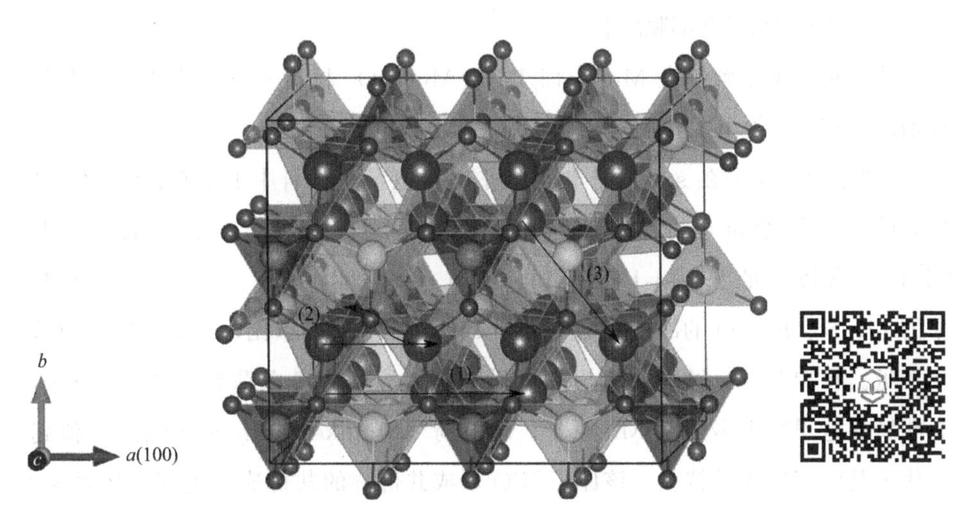

图 3-7 $Li_2Fe_{23/24}Mn_{1/24}SiO_4$（Pmn21）中锂离子的可能迁移路径

紫色为 Li 原子，黄色为 Fe 原子，蓝色为 Mn 原子，绿色为 Si 原子，红色为 O 原子

电池的性能也与材料的离子电导率密切相关。从这个意义上说，锂离子迁移机制的研究成为锂电池领域的一个重要工具。Li^+ 迁移的过程可以看作是 Li 空位迁移的一个反过程，在 VASP 软件中计算 Li^+ 迁移时，需要先计算出 Li 空位的形成能（记为 E_1），然后把 Li 离子放入 Li 迁移过程中的中间位置，通过过渡态搜索找到最大的形成能 E_2，则扩散势垒 $\Delta E=E_1-E_2$，即前后两次算得的形成能之差。Anti Liivat 等计算了锂离子在以上三种路径的扩散激活能和 Li 离子的跨越距离，得出了 Li 离子沿着路径 1 方向的扩散势垒最小，为 0.89eV。因此本节选择路径 1 进行考虑。

在 $Li_2Fe_{1-x}Mn_xSiO_4$ 正极材料的锂离子充放电过程中，锂离子在主体结构中一直不断地嵌入和脱出，其中脱出反应可用式(3-2) 表示：

$$(2-n)Li^+ + Li_nFe_{1-x}Mn_xSiO_4 + (2-n)e^- \Longrightarrow Li_2Fe_{1-x}Mn_xSiO_4 \quad (3\text{-}2)$$

其中 n 为脱出锂离子的个数。由于 Fe^{2+} 很容易被氧化为 Fe^{3+}，但在正常条件下 Fe^{3+} 极难被氧化为 Fe^{4+}，因此 $Li_2Fe_{1-x}Mn_xSiO_4$ 正极材料在工作中很难让两个 Li^+ 全部脱嵌，材料只能在 $Li_2Fe_{1-x}Mn_xSiO_4$ 和 $LiFe_{1-x}Mn_xSiO_4$ 之间来回变换，即对应 Fe^{2+}/Fe^{3+} 的相互转换。后续对 $Li_2Fe_{1-x}Mn_xSiO_4$ 的研究应将关注点放在如何让第二个锂离子全部脱出上。

为了更好地了解掺杂 Mn 后 $Li_2Fe_{1-x}Mn_xSiO_4$ 材料成键过程中的电荷转移情况，表 3-9 给出了扩胞前后 $Li_2Fe_{1-x}Mn_xSiO_4$（x=0、1/24、1/12、1/8、1/4）体系中各原子在 s、p、d 轨道的平均净电荷，材料中 Li、O、Si、Fe 和 Mn 原子的初始价电子的构型分别为：$2s^1$，$2s^22p^4$，$3s^23p^2$，$3d^64s^2$ 和 $3d^54s^2$。各掺杂量下，$Li_2Fe_{1-x}Mn_xSiO_4$（x=1/24、1/12、1/8、1/4）材料中的 Li、Si、Fe、O 的净电荷数与初始 Li_2FeSiO_4 材料相比，它们的净电荷数相接近。在掺杂 Mn 材料中可以明显看到 Mn 原子的净电荷数大于 Fe 原子，表明转移电子数更多的是 Mn 原子。净电荷（Mulliken atomic charges）值越大代表其电荷转移量越大，该原子与 O 形成共价键的共价成分越高。从表 3-9 可以看出 $Li_2Fe_{23/24}Mn_{1/24}SiO_4$ 材料的 Mn 原子在 s、p、d 轨道的平均净电荷最大，为 3.3590e，表明它在 $Li_2Fe_{1-x}Mn_xSiO_4$（x=0、1/24、1/12、1/8、1/4）体系中最稳定。

表 3-9 $Li_2Fe_{1-x}Mn_xSiO_4$（x=0、1/24、1/12、1/8、1/4）材料中各原子的平均净电荷

材料种类	各原子在 s、p、d 轨道的平均净电荷/e				
	Li	O	Fe	Si	Mn
Li_2FeSiO_4	0.9160	−0.8785	1.2070	2.3575	—
$Li_2Fe_{23/24}Mn_{1/24}SiO_4$	0.9157	−0.8786	1.2130	2.3557	3.3590
$Li_2Fe_{11/12}Mn_{1/12}SiO_4$	0.9154	−0.8786	1.2141	2.3565	3.3550
$Li_2Fe_{7/8}Mn_{1/8}SiO_4$	0.9153	−0.8785	1.2144	2.3565	3.3563
$Li_2Fe_{3/4}Mn_{1/4}SiO_4$	0.9152	−0.8791	1.2168	2.3572	3.3547

3.3.3 $Li_2Fe_{1-x}Mn_xSiO_4$ 掺杂体系的能带

在 3.3.2 节中，我们初步预测了 $x=1/24$ 为最佳掺杂量，为了分析 Mn 掺杂后 $Li_2Fe_{1-x}Mn_xSiO_4$（$x=1/24$、1/12、1/8、1/4）体系的导电性能，本小节将从电子结构入手，分析不同 Mn 掺杂量的费米面能带图，如图 3-8 所示。Mn 掺杂后会增加 Li_2FeSiO_4 材料导带的能级数目。依据导体与绝缘体的划分和能带理论，较小的带隙宽度可以有效减小电子跃迁势垒；带隙越窄，材料性质越接近导体的性质，具有更好的导电性，从而材料的电化学性能更好。

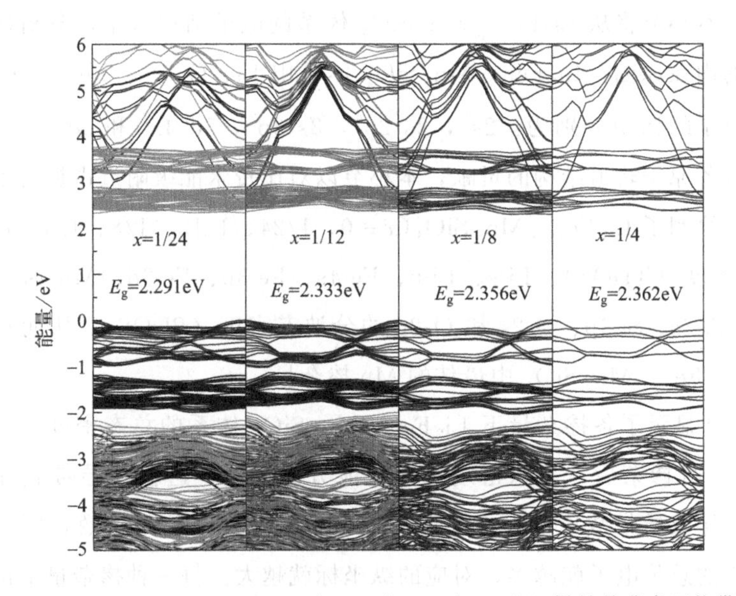

图 3-8　$Li_2Fe_{1-x}Mn_xSiO_4$（$x=1/24$、1/12、1/8、1/4）样品的费米面能带图

$Li_2Fe_{1-x}Mn_xSiO_4$（$x=1/24$、1/12、1/8、1/4）体系的带隙相对本征 Li_2FeSiO_4 的带隙（图 3-4，3.1236eV）而言明显变窄，说明掺杂 Mn 后确实提高了材料的导电性，这是因为 Mn 的引入使得 Li_2FeSiO_4 的导带往下移动，价带往费米能级方向移动，从而造成了 Li_2FeSiO_4 的禁带宽度逐渐减小的现象。所以推测在 Li_2FeSiO_4 本征体系中掺入部分 Mn 原子替代 Fe 原子可以提

高材料的电子电导率。$x=1/24$、$1/12$、$1/8$、$1/4$ 的 $Li_2Fe_{1-x}Mn_xSiO_4$ 材料带隙分别为 2.291eV、2.333eV、2.356eV 和 2.362eV。随 Mn 掺杂量的减小，带隙逐渐变窄，当掺杂量为 1/24 时材料的带隙最窄，所以 1/24 为最佳掺杂量。此外，$x=1/24$ 时掺杂材料的费米能级附近的能带起伏比较明显，且费米能级附近的能带数较多，说明处于这些能带中的电子有效质量较小，非局域的程度较大，组成这条能带的原子轨道容纳电子的能力较好，有利于载流子迁移，故 $Li_2Fe_{23/24}Mn_{1/24}SiO_4$ 晶体具有良好的导电性能。

3.3.4 $Li_2Fe_{1-x}Mn_xSiO_4$ 掺杂体系的态密度

综合以上的讨论，大胆做出推断 $Li_2Fe_{23/24}Mn_{1/24}SiO_4$ 将具有优秀的电化学性能，本小节将从 $Li_2Fe_{1-x}Mn_xSiO_4$ 体系的电子结构入手，分析决定其性能优劣的内在原因。$Li_2Fe_{1-x}Mn_xSiO_4$ 体系中 Li、O、Si、Fe 和 Mn 原子的初始价电子的构型分别为：$2s^1$，$2s^22p^4$，$3s^23p^2$，$3d^64s^2$ 和 $3d^54s^2$。为了更好地理解各原子轨道结构的贡献，本小节以对比费米能级附近占据态的多少为出发点，绘制了 $Li_2Fe_{1-x}Mn_xSiO_4$（$x=0$、1/24、1/12、1/8、1/4）超胞体系的总态密度（TDOS）、Li-s、Li-p、Fe-4s、Fe-3p、Fe-3d、Mn-4s、Mn-3p、Mn-3d、Si-3s、Si-3p、O-2s 和 O-2p 的分波态密度（PDOS），从而在理论上预测了 $Li_2Fe_{1-x}Mn_xSiO_4$ 中最佳的 Mn 掺杂量。

图 3-9 显示了各掺杂量下 $Li_2Fe_{1-x}Mn_xSiO_4$ 体系的总态密度。从图中可以看出，Mn 掺杂后，总态密度均向低能方向移动，这会使导带底穿越费米面，从而导致导带数增加。态密度的横坐标积分就是价电子数，所以超胞越大，对应的总价电子就越多，对应的纵坐标就越大。每一种掺杂量下的超胞均包含 192 个原子，此模型较大，故纵坐标取 −250 ～ 250eV。$Li_2Fe_{1-x}Mn_xSiO_4$（$x=0$、1/24、1/12、1/8、1/4）体系的总态密度数据包括能量、自旋向上的态和自旋向下的态，通过查找费米能级（0eV）附近的能量值，由最高的电子占据态（HOMO）与最低的未占据态（LUMO）之间的能量差可得出各掺杂量下材料的带隙。$x=1/24$、1/12、1/8、1/4 的 $Li_2Fe_{1-x}Mn_xSiO_4$ 材料带隙分别为 2.293eV、2.335eV、2.358eV 和

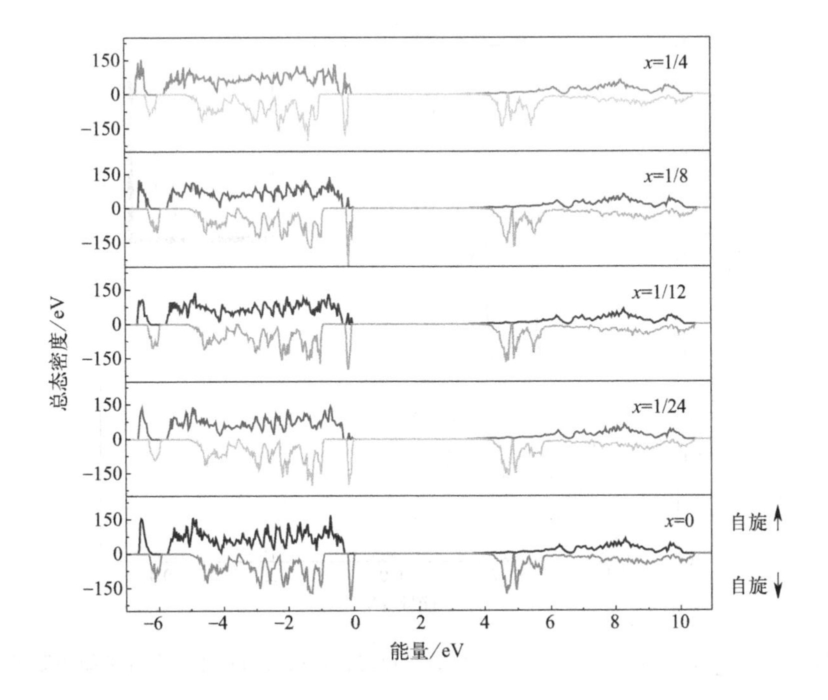

图 3-9　$Li_2Fe_{1-x}Mn_xSiO_4$（x＝0、1/24、1/12、1/8、1/4）体系的总态密度图

2.364eV，与图 3-8 的能带计算基本吻合。带隙与材料中电子跃迁的难易程度有关，带隙越小，电子跃迁所需要的能量越小，电子越容易跃迁，因此 $Li_2Fe_{23/24}Mn_{1/24}SiO_4$ 材料具有良好的导电性能。

为了说明 $Li_2Fe_{1-x}Mn_xSiO_4$（x＝0、1/24、1/12、1/8、1/4）体系的最佳掺杂量，将图 3-9 细化，给出了图 3-10 所示的费米能级附近（－0.5～0.0eV）自旋向上的总态密度对比。根据费米能级附近的总态密度可以判断哪一种掺杂量在理论上最佳。离费米能级越近的电子，越容易跃迁，占据态越多，导电性越好。因此从图 3-10 直观来看，0.0eV 对应的是费米能级，从 0.0eV 往负方向移动，先遇到哪种材料，就说明哪种材料的占据态越多。从图中可以看出，$Li_2Fe_{23/24}Mn_{1/24}SiO_4$ 晶体的总态密度最靠近费米能级（0.0eV），说明这种掺杂量下材料的价带有更多的电子可以用来跃迁到导带，因此其导电性最佳。

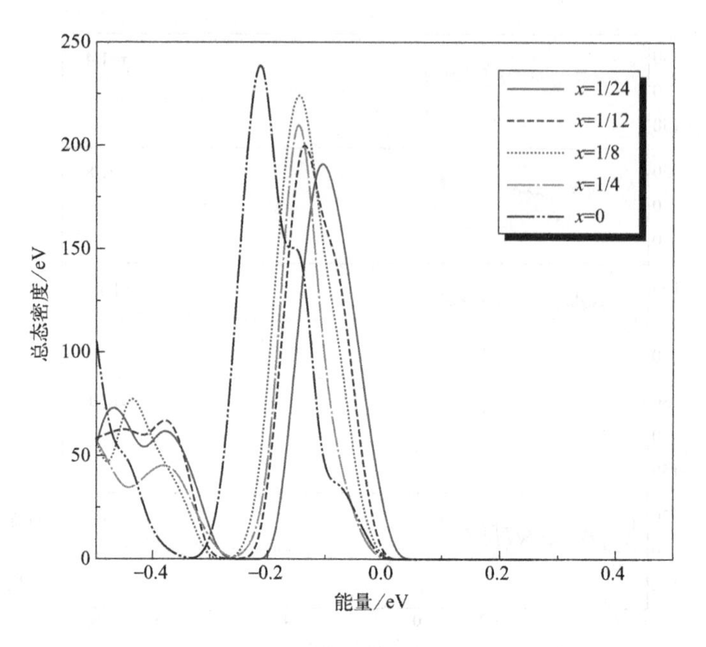

图 3-10 $Li_2Fe_{1-x}Mn_xSiO_4$（x＝0、1/24、1/12、1/8、1/4）体系在费米能级附近（－0.5～0.0eV）的总态密度（TDOS）对比

图 3-11 为 Li_2FeSiO_4 超胞内各原子在 s、p、d 轨道上的分波态密度，可以看出总态密度主要由 Fe-3d 态、O-2p 态、Si-3p 态、Si-3s 态、Li-p 态和 Li-s 态贡献，而 Fe-3p 态、Fe-4s 态和 O-2s 态对总态密度几乎没有贡献。Fe-3d 和 Si-3p 轨道之间的共振形成了稳定的 Fe—O 共价键和 Si—O 共价键。O 原子和 Si 原子的 s 轨道处在低能区。

此外，占据在费米能级附近（－0.50～0.00eV）的价带主要是 Fe-3d 态（对应低能成键轨道 t_2 态）和 O-2p 态，占据导带（2.35～5.49eV）的主要是 Fe-3d 态（对应高能成键轨道 e 态）和 Li-p 态。由于 Fe-3d 态在费米能级附近自旋向上和自旋向下产生了分裂，Li_2FeSiO_4 晶体中 Fe^{2+} 呈现高自旋的 d^6 电子构型。综上，Li_2FeSiO_4 晶体的导电性能主要由过渡金属 Fe-3d 态的位置决定，因此为了提高 Li_2FeSiO_4 材料的导电性能，考虑用 Mn 过渡金属元素在 Li_2FeSiO_4 晶体的 Fe 位掺杂。

为了更好地理解 Mn 掺杂后晶体电子结构的贡献，我们计算了

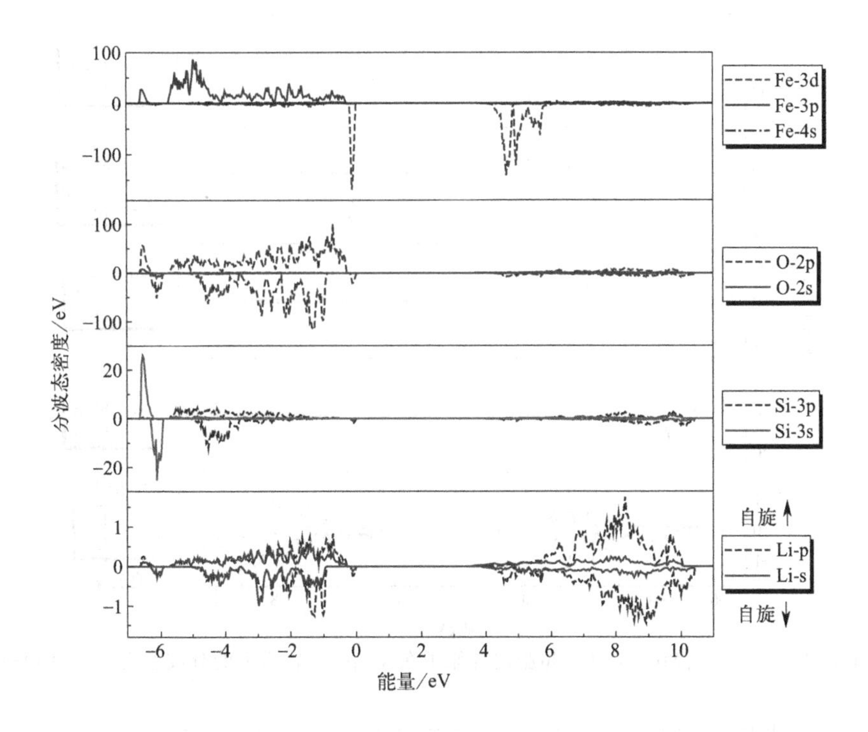

图 3-11 Li_2FeSiO_4 超胞内各原子在 s、p、d 轨道上的分波态密度（PDOS）

$Li_2Fe_{23/24}Mn_{1/24}SiO_4$、$Li_2Fe_{11/12}Mn_{1/12}SiO_4$、$Li_2Fe_{7/8}Mn_{1/8}SiO_4$ 和 $Li_2Fe_{3/4}Mn_{1/4}SiO_4$ 的各原子态密度，分别如图 3-12、图 3-13、图 3-14、图 3-15 所示。可以看出，$Li_2Fe_{1-x}Mn_xSiO_4$（$x=1/24$、1/12、1/8、1/4）掺杂体系中晶体电子结构主要由 Fe-3d、Mn-3d、O-2p、Si-3p、Si-3s 轨道贡献，表现出很强的局域性。Li-s 态和 Li-p 态电子对价带的贡献最弱。Mn 取代 Li_2FeSiO_4 中部分 Fe 后，Mn-3d 态出现在最大价带处，且促使 Fe-3d 未被占用的自旋向下带向低能区移动。Mn-3d 轨道的分波态密度仍然在费米能级下被电子占据，所以 $Li_2Fe_{1-x}Mn_xSiO_4$ 体系中 Mn 以 Mn^{2+} 的形式存在。

从图 3-12～图 3-15 中可以看到，在各掺杂量的样品中，Fe-3d 电子占据的能带分为三个部分，其一为 −6.0eV 到 −4.0eV 之间，其二在费米能级附近，其三在 4.0～7.0eV 之间；Mn-3d 电子占据的能带分为两个部分，其一为费米

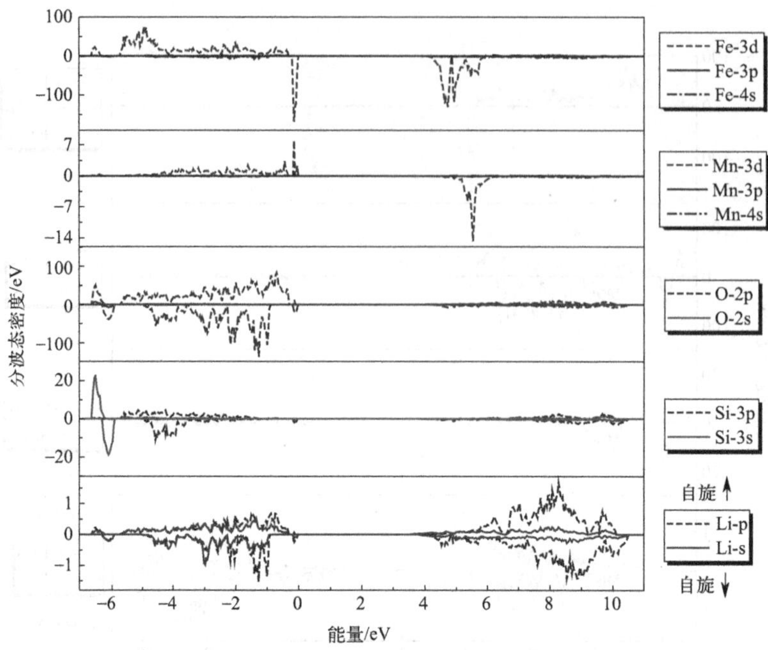

图 3-12 $Li_2Fe_{23/24}Mn_{1/24}SiO_4$ 超胞内各原子在 s、p、d 轨道上的分波态密度（PDOS）

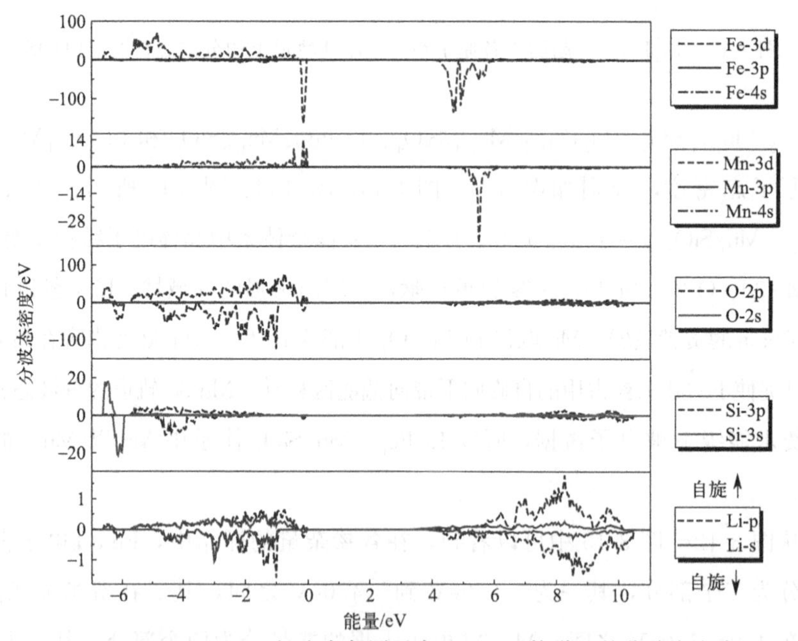

图 3-13 $Li_2Fe_{11/12}Mn_{1/12}SiO_4$ 超胞内各原子在 s、p、d 轨道上的分波态密度（PDOS）

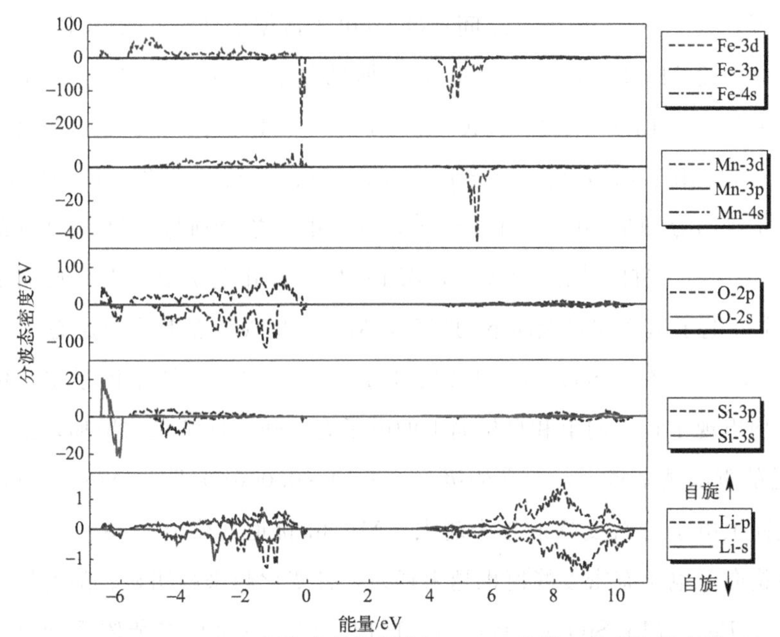

图 3-14　$Li_2Fe_{7/8}Mn_{1/8}SiO_4$ 超胞内各原子在 s、p、d 轨道上的分波态密度（PDOS）

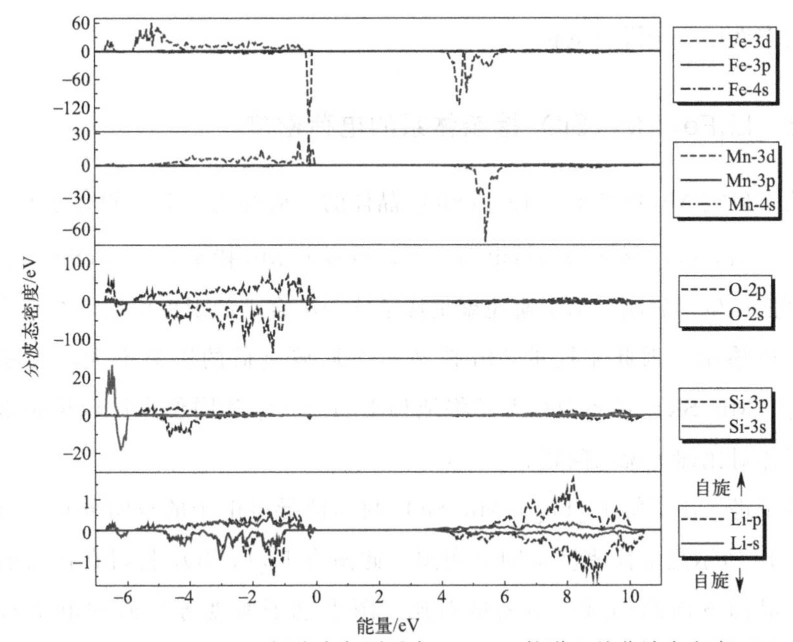

图 3-15　$Li_2Fe_{3/4}Mn_{1/4}SiO_4$ 超胞内各原子在 s、p、d 轨道上的分波态密度（PDOS）

能级附近，其二在5～6.0eV之间；O-2p电子占据的能带主要集中在－6.0eV到－1.0eV之间；Si-3p、Si-3s电子占据的能带主要集中在－7.0eV到－1.0eV之间。在$Li_2Fe_{1-x}Mn_xSiO_4$（x=1/24、1/12、1/8、1/4）掺杂体系中，Li、O、Si、Mn、Fe分别具有＋1、－2、＋4、＋2、＋2价。Fe和Mn的最外层电子排布分别是$3d^64s^2$和$3d^54s^2$，其d电子数分别为6和5。Mn的5个d电子全部填充在自旋向上的部分，而Fe有5个d电子填充在自旋向上的部分，1个d电子填充在自旋向下的部分，Mn^{2+}和Fe^{2+}都是高自旋态。

在$Li_2Fe_{1-x}Mn_xSiO_4$（x=1/24、1/12、1/8、1/4）掺杂体系中，价带和导带上均出现了自旋向上和自旋向下的电子态。随着掺杂量的增加，由于Mn-3d轨道的贡献越来越大，费米能级（－0.50～0.00eV）附近Mn-3d轨道价带的自旋向上电子态密度峰值越来越大，Mn-3d轨道导带（4.38～6.24eV）能量的自旋向下电子态密度峰值也越来越大，且变化越来越明显。随着掺杂量的增加，$Li_2Fe_{1-x}Mn_xSiO_4$（x=1/24、1/12、1/8、1/4）掺杂体系的Fe-3d态密度峰值有减小的趋势，但是减小幅度较小，其他电子的态密度与掺杂前对应电子的态密度几乎没有变化。

3.3.5 $Li_2Fe_{1-x}Mn_xSiO_4$掺杂体系的电荷密度

为了研究Mn掺杂前后Li_2FeSiO_4晶体的电荷变化，本小节对比了Mn掺杂前后Li_2FeSiO_4材料的局域电荷密度，以说明Mn掺杂对Li_2FeSiO_4晶体的电荷密度产生了影响。为了避免聚集掺杂这一不合理的现象出现，本小节采用分散随机掺杂。因此不同的Mn掺杂量对局域电荷的影响不大，实际上在$Li_2Fe_{1-x}Mn_xSiO_4$体系中只需要将纯相Li_2FeSiO_4和同位点局域掺杂Mn之后的晶体对比即可说明问题。

为了进一步了解$Li_2Fe_{1-x}Mn_xSiO_4$材料的导电电子的空间分布，给出了如图3-16所示是电荷密度空间分布图，此图为Li_2FeSiO_4材料在掺杂前后沿（100）晶面方向的局域电荷密度对比。图中电子密度等值面的电子密度为0.01e/Å^3，且左边的刻度尺越红代表电荷密度越大。

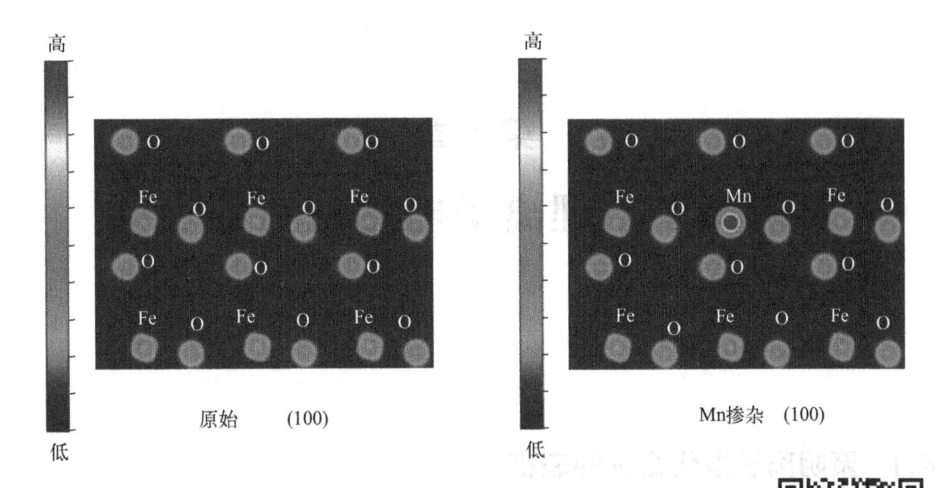

图 3-16 $Li_2Fe_{1-x}Mn_xSiO_4$ 掺杂前后局域电荷密度对比

显然，掺杂对电荷影响非常明显，Mn 掺杂后原来 Fe 位周围的局域电荷密度更大。在 Li_2FeSiO_4 材料中，所有 O-2p 电子都不同程度地参与了费米能级附近的价带构成，费米能级附近的导电电子由 Fe-3d 和 O-2p 电子杂化构成，主要是 Fe-3d 电子起作用。而在 $Li_2Fe_{1-x}Mn_xSiO_4$ 材料中，费米能级附近的导电电子由 Fe-3d、Mn-3d 和 O-2p 电子杂化构成，Fe-3d 和 Mn-3d 电子起到主要作用，但是只有在 Mn-3d 原子附近的 O-2p 电子被杂化，进一步说明了 $Li_2Fe_{1-x}Mn_xSiO_4$ 材料的能隙都是由 Fe-3d 和 Mn-3d 决定的，存在 O-2p 电子和 Fe-3d、Mn-3d 电子杂化的现象。在掺杂材料中，费米能级附近的电子主要由 Mn-3d 电子组成。

第4章
聚阴离子型锂离子电池材料的表征

4.1 聚阴离子型化合物的表征

4.1.1 X射线衍射

X射线衍射分析（X-ray diffraction，XRD），是利用晶体形成的X射线衍射，对物质进行内部原子在空间分布状况的结构分析方法。将具有一定波长的X射线照射到结晶性物质上时，X射线因在结晶内遇到规则排列的原子或离子而发生散射，散射的X射线在某些方向上相位得到加强，从而显示与结晶结构相对应的特有的衍射现象。X射线衍射方法具有不损伤样品、无污染、快捷、测量精度高、能得到有关晶体完整性的大量信息等优点。且应用范围很广，包括：物相分析，点阵常数的精确测定，应力的测定，晶粒尺寸和点阵畸变的测定，单晶取向和多晶织构测定等。

X射线衍射满足布拉格（W. L. Bragg）方程：$2d\sin\theta = n\lambda$ 式中，λ 是X射线的波长；θ 是衍射角；d 是结晶面间隔；n 是整数。波长 λ 可用已知的X射线衍射角测定，进而求得结晶面间隔，即结晶内原子或离子的规则排列状态。将求出的X射线衍射强度和结晶面间隔与已知的表对照，即可确定试样结晶的物质结构，此即定性分析。用X射线衍射强度比较，可进行定量分析。

4.1.2 扫描电子显微镜

扫描电子显微镜简称扫描电镜（SEM），被用来直接观察粉体的颗粒形貌、尺寸大小、团聚状态。扫描电镜除了能显示一般试样表面的形貌外，还能将试样微区范围内的化学元素、光、电、磁等性质的差异以二维图像形式显示出来，并可用照相方式拍摄图像。从电子枪阴极发出的电子束，受到阴阳极之间加速电压的作用，射向镜筒，经过聚光镜及物镜的会聚作用，缩小成直径约几毫米、几微米的电子探针。在物镜上部的扫描线圈的作用下，电子探针在样品表面作光栅状扫描并且激发出多种电子信号。这些电子信号被相应的检测器检测，经过放大、转换，变成电压信号，最后被送到显像管的栅极上并且调制显像管的亮度。显像管中的电子束在荧光屏上也作光栅状扫描，并且这种扫描运动与样品表面的电子束的扫描运动严格同步，这样即获得衬度与所接收信号强度相对应的扫描电子像，这种图像反映了样品表面的形貌特征。扫描电镜具有如下优点：高的分辨率，由于超高真空技术的发展，场发射电子枪的应用得到普及，现代先进的扫描电镜的分辨率已经达到 1nm 左右；有较高的放大倍数，2 万～20 万倍之间连续可调；有很大的景深，视野大，成像富有立体感，可直接观察各种试样凹凸不平的细微结构；试样制备简单，可直接观察大块试样；适用于固体材料样品表面和界面分析，适用于观察比较粗糙的表面等。

4.1.3　傅里叶变换红外光谱

分子在未受光照射之前诸能量均处于最低能级，称之为基态，当分子受到红外光的辐射，产生振动能级的跃迁，在振动时伴有偶极矩改变者就吸收红外光子，形成红外吸收光谱。红外光谱根据不同的波数范围分为三个区即近红外区（0.78～2.5μm）、中红外区（2.5～25μm）和远红外区（25～1000μm）。化学键振动的倍频和组合频多出现在近红外区，所形成的光谱为近红外光谱。最常用的是中红外区，绝大多数有机化合物和许多无机化合物的化学键振动的跃迁出现在此区域，因此在结构分析中非常重要。另外，金属有机化合物中金属有机物键的振动、许多无机物键的振动、晶架振动以及分子的纯转动光谱均出现在远红外区。因此该区域在纳米材料的结构分析中显得非常重要。

利用傅里叶变换红外吸收光谱（FT-IR）可得到材料所含有的重要官能团信息，进而被用来辅助确定材料的结构和化学组成。红外光只能激发分子内振动和转动能级的跃迁，所以红外吸收光谱是振动光谱的重要部分。红外光谱主要是通过测定这两种能级的跃迁的信息来研究分子结构的。红外光谱具有灵敏度高、试样用量少、能分析各种状态的试样等特点，是材料分析中常用的工具。

PerkinElmer FT-IR Spectrum RXI 型红外光谱仪是较为常见的红外光谱分析仪。该红外分析仪是最适合进行日常分析的常规仪器之一，操作方便，可广泛用于研究材料的分子结构、化学键及其中存在的官能团等方面的信息。其测定波数范围为 $4000 \sim 400 cm^{-1}$，测定精度优于 $0.01 cm^{-1}$。此分析方法作为 XRD 分析的辅助手段来确定前驱体的结构和化学组成。

4.1.4 热分析

根据 ICTA 定义热分析是指在程序控制温度下，测量物质的物理性质与温度之间关系的一类技术。上述物理性质主要包括重量、能量、尺寸、力学、声、光、热、电等。热分析法的技术基础在于物质在加热或冷却的过程中，随着其物理状态或化学状态的变化，通常伴有相应的热力学性质（如热焓、比热容、热导率等）或其他性质（如质量、力学性能、电阻等）的变化，因而通过对某些性质（参数）的测定可以分析研究物质的物理变化或化学变化过程。根据物理性质的不同，可使用相应的热分析技术，本小节研究了重量和热量与温度之间的关系（TGA/DSC)。热分析的优点是：可在宽广的温度范围内对样品进行研究；可使用各种温度程序（不同的升降温速率)；对样品的物理状态无特殊要求；所需样品量很少（$0.1 \mu g \sim 10 mg$)；仪器灵敏度很高（质量变化的精确度达 10^{-5})；可与其他技术联用等。

样品在热环境中发生化学变化、分解、成分改变时可能伴随着重量的变化。热重分析（TGA）就是在不同的加热条件（以恒定速度升温或等温条件下延长时间）下对样品的重量变化加以测量的动态技术。凡发生失重的反应动力学均可用 TGA 法进行研究，如脱水反应、热分解反应等。定量的本质使其成为强有力的分析手段。发生重量变化的主要过程包括：吸附、脱附、脱水/脱溶剂、升华、蒸发、分解、固固反应和固气反应。

示差热扫描量热法（DSC）是测量输入到试样和参比物的热流量或功率差与温度或时间的关系。DSC 是在控制温度变化情况下，以温度或时间为横坐标，以样品与参比物间温差为零所需供给的热量为纵坐标所得的扫描曲线。DSC 与 DTA 相比的优点是 DSC 的结果可用于定量分析，而 DTA 只能定性或半定量。

4.1.5　透射电子显微镜

透射电子显微镜是以波长极短的电子束作为照明源，用电子透镜聚焦成像的一种具有高分辨本领、高放大倍数的电子光学仪器，一般包括四部分：电子光学系统、电源系统、真空系统、操作控制系统。透射电子显微镜通常采用热阴极电子枪来获得电子束并作为照明源。热阴极发射的电子，在阳极加速电压的作用下，高速穿过阳极孔，然后被聚光镜汇聚成具有一定直径的束斑照到样品上。具有一定能量的电子束与样品发生作用，产生反映样品微区厚度、平均原子序数、晶体结构或位向差别的多种信息。透过样品的电子束强度，取决于这些信息，经过物镜聚焦放大在其平面上形成一幅反映这些信息的透射电子像，经过中间镜和投影镜进一步放大，在荧光屏上得到三级放大的最终电子图像，还可将其记录在电子感光板或胶卷上。目前世界上最先进的透射电镜的分辨本领已达 0.1 nm，可用来直接观察原子像。

采用透射电子显微镜通过明场像得到样品的微观形貌；通过做选区电子衍射（SAED）得到样品的衍射花样，根据电子衍射的几何关系就可以算出晶面间距的信息，从而可以判断样品的晶体结构；通过直接在高分辨像上计算晶面间距，观察到样品的结晶程度等信息。

4.1.6　原子力显微镜

原子力显微镜（atomic force microscope，AFM）是基于测量探针和被测样品之间的作用力大小来反推样品的表面形貌、力学及电学等特性的一种微区测试仪器。1986 年，IBM 公司的 Binning 和斯坦福大学的 Quate 等合作发明了 AFM，在理想状态下其成像分辨率可达原子级。在工作环境方面，由于成像原理不涉及电子束，AFM是为数不多的可以摆脱真空环境进行显微成像的科学仪器，适合进行变温、变压、液相等原位实验；在功能方面，AFM可以在获取样品表面三维形貌的同时，获得样品表面导电性、表面电势分布以及力学性能等信息，具有多功能性。上述两个特点使其成为微区原位分析测试的理想工具。

4.1.7 Rietveld晶体结构解析和精修

（1）Rietveld晶体结构解析和精修的基本理论

晶体结构解析是研究材料的重要一环，可确定结构中各原子所占的位置、与其他原子的配位、所构成化学键的键长和键角等情况，从而揭示材料的诸多物化特性。本小节涉及晶体结构未知的新型层状氢氧化物及稀土激活离子在不同基质中的发光性能和机理，因而晶体结构解析具有重要的理论和实际意义。例如，明确激活剂在材料中所占格位的类型和对称性对于从根本上阐明发光性能不可或缺。

晶体结构信息的常用采集方法包括X射线单晶衍射、X射线多晶衍射、中子及电子衍射和同步辐射等。X射线单晶衍射利用单晶体对X射线的衍射效应来测定晶体结构，是解析晶体结构的比较理想的方法。实际工作中，尺寸和纯度均满足要求的单晶往往难以获得，且新发现和实际应用的材料往往是多晶体，因而多晶衍射技术被广泛采用。中子衍射是指热中子通过晶态物质时发生布拉格衍射，其基本原理是中子与原子核的相互作用。该衍射技术适用于确定点阵中轻元素的位置和原子量相近元素的位置，但需要特殊的强中子源。同步辐射是一种大型装置，具有波长连续可调、高强度和光色单一等优点，但成本较高，一般实验室均不具备。目前我国三个同步辐射光源分别位于合肥（国家同步辐射实验室，NSRL）、北京（北京同步辐射装置，BSRF）和上海（上海光源，SSRF）。

1967年Rietveld全谱拟合技术被首次提出[44]，该方法将实验数据处理与计算机技术相结合，使研究人员能够从衍射数据中有效提取结构信息。该技术最初用于中子衍射晶体结构精修，后经十年的发展拓展到X射线粉末衍射数据的分析，并再经四十几年的发展在诸多常规材料的结构研究中获得了广泛应用，目前是获取晶体结构信息的有力工具。Rietveld 法通过晶体结构参数（如晶胞参数和原子位置等）和非结构参数（衍射峰的峰型、峰位和峰宽等）模拟计算出理论衍射谱，利用计算机程序及最小二乘法对理论图谱和实验图谱进行比较，根据其差别修改初次选定的结构参数和非结构参数，并在新参数的基础上再计算理论图谱，再进行比较，如此反复迭代，使理论谱和实验谱的差值达到最小，进而求得各个参量的最佳值并获取蕴藏在衍射谱中丰富的结构信息[45]。

Rietveld 法目前广泛应用于已知结构化合物的结构精修、定性分析、多物相的定量分析、材料微观结构分析（如晶格应力、晶粒大小、缺陷等）以及形貌和相变研究。

(2) Rietveld 拟合结果正确性评判

实际应用中精修和拟合结果的好坏往往以可信度因子（即 R 因子）进行衡量。通常而言，R 因子的值越小说明拟合结果越精确，即所解析出的晶体结构的正确性越高。通常使用的 R 因子包括以下几种：

$$\text{权重因子 } R_{\mathrm{wp}}=\left[\sum W_i(Y_{ci}-Y_{oi})^2/\sum W_i {Y_{oi}}^2\right]^{1/2} \tag{4-1}$$

$$\text{衍射谱 R 因子 } R_{\mathrm{p}}=\sum |Y_{ci}-Y_{oi}|/\sum Y_{oi} \tag{4-2}$$

$$\text{权重因子的期望值 } R_{\exp}=\left[(N-P)/\sum W_i {Y_{oi}}^2\right]^{1/2} \tag{4-3}$$

$$\chi^2: \chi^2=R_{\mathrm{wp}}/R_{\exp}=\sum\left[W_i(Y_{ci}-Y_{oi})/(N-P)\right]^{1/2} \tag{4-4}$$

式中　N——为实测数据点的数量；

P——精修中可变参数的数目；

W_i——基于计数统计的权重因子，$W_i=1/Y_{ci}$；

Y_{ci}——衍射谱上某点 $(2\theta)_i$ 处的计算强度（下标“c”表示计算值）；

Y_{oi}——衍射谱上某点 $(2\theta)_i$ 处的实测强度（下标“o”表示实测值）。

其中最能反映拟合好坏的 R 因子为权重因子（即 R_{wp}），实际工作中认为该值小于 15%时拟合结果可信，小于 10%时拟合结果良好。但 R 因子的值不能作为拟合是否可信、结构是否正确的唯一标准，同时还需考虑所得结构模型的化学物理合理性，即模型中原子间距（键长和是否能成键）、键角、原子占位率和化学成分等。结合其他表征手段如傅里叶变换红外光谱、拉曼光谱、透射电子显微分析等可进一步提高或确认分析结果的可信度。

（3）Rietveld拟合常用软件

Rietveld全谱拟合是借助于计算机实现的。到目前为止，研究人员已经开发出多种体系完善、功能强大的软件用于Rietveld全谱拟合，如GASA[46]、RIETAN[47]、FULLPROF[48]、DBWS[49] 和TOPAS[50] 等。虽然软件程序形式不同，但都基于Rietveld全谱拟合的基本原理。

4.2 电极材料的表征

4.2.1 电极制备及扣式电池组装

（1）电极的制备

电极制备工艺主要包括称量、匀浆、涂布、辊压和冲片几个步骤。具体操作如下：

① 称量：按照质量比80∶10∶10称取活性材料、导电剂乙炔黑和黏结剂PVDF。

② 匀浆：将上述称量好的材料一起，放入研钵中研磨充分后，滴加适量的NMP，继续研磨充分至料浆均匀。

③ 涂布：裁剪6cm×8cm大小的铝箔集流体，用无水乙醇将表面擦拭干净，用小药匙将均匀的浆液倒在集流体上，用刮膜器进行刮涂，膜面尽量平整，纹理尽量一致，随后将涂好的极片放入120℃干燥箱干燥8h。

④ 辊压：将涂有正极材料的铝箔在辊压机两辊轮下压片，以表面有光泽感为准。

⑤ 冲片：采用冲压模具将辊压后的极片冲裁成直径为10mm的圆片，保证极片边缘整齐，无物料脱落。

（2）扣式电池的组装

本书采用CR2032型扣式电池来组装半电池，CR2016型扣式电池来组装全电池。电池组装在干燥的充满氩气的除水除氧手套箱中进行，通常手套箱中的露点一般要求≤－47℃。扣式电池组装步骤如下：

① 将称重后的电极片、电池壳、隔膜、密封膜等送入手套箱中；

② 将正极片、电解液、隔膜、负极片依次加入电池底壳中（图 4-1），电解液的量以能使电极片和隔膜完全润湿为准；

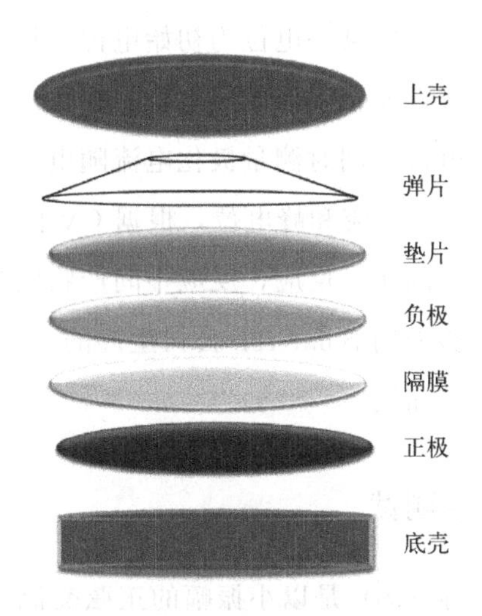

图 4-1　扣式电池示意图

③ 封装电池是在冲压机 0.5MPa 的压力下密封；

④ 把电池移出手套箱，清除电池表面污染后，标号，静置 10h 后进行电化学性能测试。

4.2.2　充放电测试

充放电测试可以用来检测二次锂离子电池电极材料的脱嵌锂比容量及循环性能，是电极材料性能研究中重要的实验方法。

$$\text{理论质量比容量 } C_0 = 26.8 \times 1000 / M_r (\text{mAh/g}) \tag{4-5}$$

$$\text{实际质量比容量 } C = IT/m (\text{mAh/g}) \tag{4-6}$$

其中，M_r 为分子量；I 为充放电电流，mA；T 为充放电时间，h；m 为活性物质质量，g。

电池组装完成后，静置10h以上再进行充放电测试。本实验采用武汉金诺电子有限公司生产的CT2001A充放电系统进行测试。

4.2.3 循环伏安测试

循环伏安（CV）扫描技术是电化学最常用的实验手段之一，其方法原理如下：选择未发生电极反应的某一电位为初始电位，控制研究电极的电位按指定的方向和速率随时间线性变化，当电极电位扫描到某一个电位后再以相同的速率逆向扫描到另一个电位，同时测量极化电流随电位的变化关系。循环伏安（CV）技术的主要参数是峰电流和峰电位，根据CV图中峰电流的情况，可以知道检测电位区间所发生的化学反应，反应中间产物的特点、稳定与否，电极反应的可逆性等。本实验采用Solartron公司生产的1260+1287电化学工作站测试电池体系的循环伏安曲线。

4.2.4 电化学阻抗谱测试

电化学阻抗谱（简称EIS）是以小振幅的正弦交流波为激励信号，研究特定电流极化下，特别是平衡电位下，电化学体系的交流阻抗随频率变化关系的一种频率域的测量方法。通过电化学阻抗谱分析，可以探讨锂离子嵌脱过程相关的动力学参数，如电荷传递电阻、活性材料的电子电阻、扩散以及锂离子扩散迁移通过固体电解质界面膜（SEI膜）的电阻等。采用英国Solartron公司生产的1260+1287电化学工作站对电池进行电化学阻抗谱测试，交流激励信号振幅为±10mV，频率范围为100kHz～10MHz，以电池正极接工作电极，负极接辅助电极和参比电极，并采用ZView软件对测试结果进行拟合，计算出相应的电化学参数。

第5章
两段焙烧法制备聚阴离子型 Li_2MnSiO_4/C 正极材料

5.1 引言

在动力电池和商用电池的开发研制中，正极材料耗资较高，约占成本的40%。目前的研究和报道主要以化学纯或分析纯试剂作为制备 Li_2MnSiO_4 的硅源，成本较高。而二氧化硅具有原材料来源广、价格低廉等优点，因此可成为制备 Li_2MnSiO_4 正极材料原料的较佳选择。据悉红土镍矿中的 Si 元素含量高达 50%左右，极具利用价值。在前人研究中，通过碱式水热工艺将红土镍矿中的主要元素 Si 以硅酸钠的形式分离出来，再利用化学沉淀法以上述硅酸钠滤液为原料合成粒度较小且纯度较高的球形二氧化硅粉体。本章以前人研究中所得的球形二氧化硅粉体为原料，采用两段焙烧工艺合成 Li_2MnSiO_4/C 锂离子电池正极材料，研究了不同反应条件对 Li_2MnSiO_4/C 正极材料的晶体结构、微观形貌以及电化学性能方面的影响。

5.2 Li_2MnSiO_4/C 正极材料的两段焙烧法的合成

5.2.1 前驱体的制备

现存的高温固相技术存在着产品粒度较大、粒径分布不均匀等问题，本小节尝试采用两段焙烧工艺对 Li_2MnSiO_4/C 前驱体进行焙烧处理。实验所用原料为：前期研究自制二氧化硅、碳酸锰、碳酸锂，各原料按一定的摩尔比称重（由于后续的高温焙烧，额外加入5%碳酸锂，弥补锂在高温下的挥发），然后放入球磨罐，加入适量的乙醇和一定量的柠檬酸，将球磨罐中的物料混合，以7∶3的球料比例加入氧化锆球。在行星式球磨机上以200r/min的速度球磨5h。经球磨后，置于电热恒温鼓风干燥箱中80°C干燥12h。将干燥后的物料研磨成粉，放入瓷舟内，先在450°C下预焙烧5h，然后继续升温进行高温焙烧，最终制得正极材料。

5.2.2 正极极片制备

首先将活性物质、乙炔黑、黏结剂PVDF按8∶1∶1的比例进行混合。然后，在120℃下将活性物质与乙炔黑干燥8h，再加入PVDF，用玛瑙研钵充分研磨，加入NMP调整黏度，再继续研磨，得到正极浆料，涂覆于铝箔上，于80℃下干燥。经冷却后，在电动对辊机上进行挤压，以减小NMP挥发后产生的孔隙，提高电极的均匀性、平整度和致密度，从而有利于电池组装。采用切片机将其切割为直径10mm的圆形极片，在120℃下于真空烘箱中干燥8h。

5.3 正极材料性能分析

5.3.1 前驱体的热重分析

在N_2气氛中，采用5℃/min的升温速率对Li_2MnSiO_4/C的前驱体进行热分析，以考察合成过程中材料的热稳定性，实验结果如图5-1所示。通过观察可以看出，升温过程可分为25～180℃、180～300℃、300～700℃和700～925℃四个阶段。第一阶段的质量损失约为8%，对应DTA曲线上的一个小吸热峰，出现这一现象是由于物料中的吸附水蒸发所致。第二阶段的质量损失显著，达到37%左右，相应的差热曲线存在一个大吸热峰，造成该现象的主要原因是由于柠檬酸和碳酸锰的分解。第三阶段约有17%的质量损失，相应的差热曲线在前期有若干个小峰，其原因是由于碳酸锂的分解。第四阶段的质量基本没有下降，说明有关化合物已完全分解，前驱体开始结晶形成

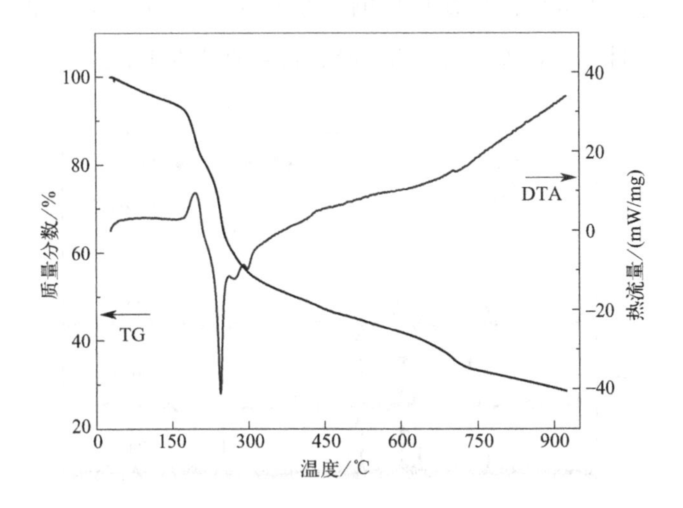

图 5-1　Li_2MnSiO_4/C 前驱体的 TG - DTA 曲线

Li_2MnSiO_4/C 晶体。根据以上的分析结果，选定样品在 450℃进行预焙烧并保温 5h 使反应物完全分解，再在 700℃以上进行高温焙烧，以得到最终产物 Li_2MnSiO_4/C 正极材料。

5.3.2　焙烧温度对 Li_2MnSiO_4/C 材料的影响

5.3.2.1　物相与形貌影响

图 5-2 为不同焙烧温度下得到的 Li_2MnSiO_4/C 材料的 XRD 谱图。从图中可以观察到在 700℃和 800℃时，由于低温下不易制备获得纯相样品，因此其 XRD 衍射峰存在 Li_2SiO_3 和 MnO 的杂质峰。在 900℃时，所制备的样品显示出正交晶体，具有空间群 Pmn21 结构，衍射峰明显比其他焙烧温度尖锐，表明温度对材料的结晶度有显著影响。当温度升高至 1000℃时，其衍射峰中出现了明显的(021)、(100)等特征峰，表明该材料中开始出现斜方结构 P21/n 高温相。在此条件下，所得到的材料是两种不同的相混合物，因此高温条件可能会降低材料的容量，对材料的电化学性能产生不利影响。XRD 分析表明，所有样品的衍射峰中并未发现碳的峰，表明碳为非晶态存在，不会对

Li_2MnSiO_4 的晶体结构产生任何影响。综上所述，900℃焙烧温度下制得的 Li_2MnSiO_4/C 材料具有较尖锐的衍射峰、较高的晶体纯度。

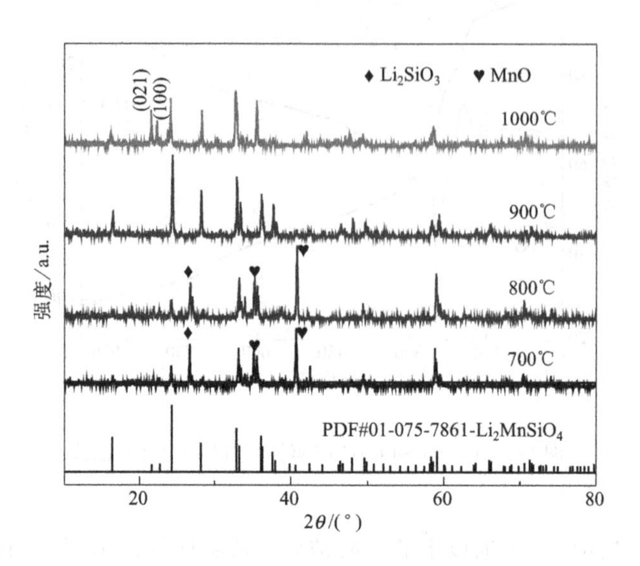

图 5-2　不同焙烧温度制备样品的 XRD 谱图

图 5-3 显示了 Li_2MnSiO_4/C 材料在不同焙烧温度下制得的 SEM 图。由图可知，在不同的焙烧温度下，所制得的样品均呈细小的颗粒状。虽然颗粒会出现团聚现象，但是颗粒的均匀性较好。相同的焙烧时间条件下，在 700℃合成的材料颗粒尺寸较大，并且伴有明显的一次小晶粒团聚成二次大晶粒的现象；在 800℃合成的材料，其外形仍保持团聚状态；在 900℃条件下，所得材料的颗粒尺寸最小，粒径呈均匀分布；在 1000℃条件下，制得的材料颗粒粒度变大，表面粗糙，这表明温度过高，会加速材料晶粒的生长，导致晶粒粗大，而较大的晶粒对锂离子在材料晶格中的扩散不利。此外，温度过高还会使 Li_2MnSiO_4/C 正极材料的表面被烧毁，造成材料表面不平整，包覆效果较差。

5.3.2.2　电化学性能影响

不同焙烧温度合成样品的循环性能如图 5-4 所示，在 0.05*C* 倍率下，所有样品的放电比容量随着循环的进行均有所降低，这是由于 Li_2MnSiO_4 在循环过程中的结构发生了坍塌，从晶态向非晶态转变。此外，在高温条件下，

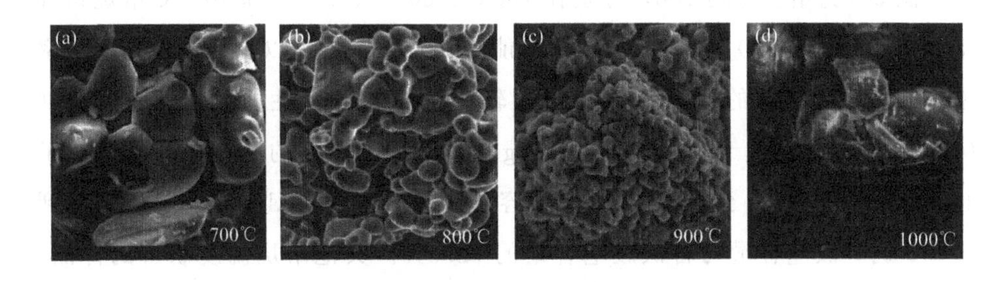

图 5-3　不同焙烧温度下制备样品的 SEM 图

Mn^{2+} 的溶解和电解质的分解都会导致其循环性能下降。结果表明，900℃条件下合成样品的循环性能最佳，此时首次充放电比容量达 137.5mAh/g，经 50 次循环后其比容量为 135.1mAh/g，容量保持率高达 98.3%。样品最终结晶程度和晶粒大小对 Li_2MnSiO_4/C 材料的循环性能影响较大，当焙烧温度适当提高时，材料的结晶度降低，与此同时其粒径减小，而在过高的温度下，高温相所产生的较大粒径会使材料的放电容量缩减。综上所述，900℃下制备的样品，其晶形较好，粒径较小，更有利于 Li^+ 的脱出和嵌入，材料的导电性得到提高，从而改善了材料的循环容量和循环可逆性。

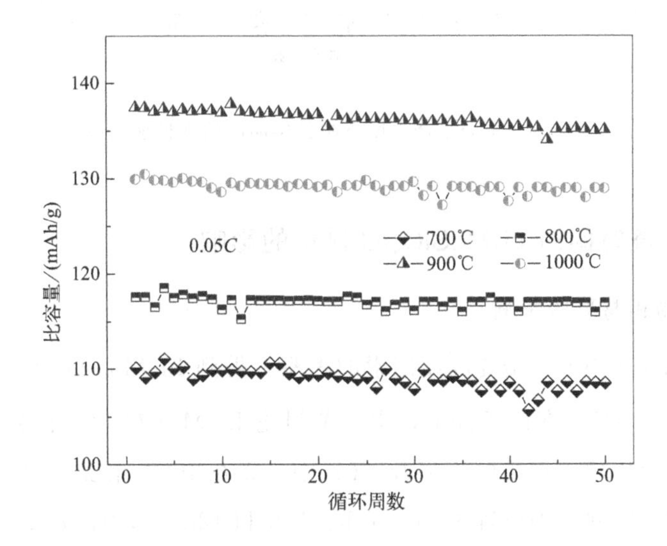

图 5-4　不同焙烧温度下制备样品的循环性能

图 5-5 为焙烧时间 10h，分别在 700℃、800℃、900℃和 1000℃焙烧条件下制备的 Li_2MnSiO_4/C 样品的倍率性能曲线。从图上可以看到，在各个倍率下 900℃焙烧制备的样品放电容量均较高，而且倍率性能较好，0.05*C* 到 0.1*C* 的放电比容量衰减了 17.3mAh/g，0.1*C* 到 1.0*C* 的放电比容量衰减了 18.4mAh/g，1.0*C* 到 2.0*C* 的放电比容量衰减了 21.8mAh/g，当其再次回到 0.05*C* 时，放电容量为首次放电容量的 98.3%。其他焙烧温度制备的样品，放电容量相对较低，同时倍率性能与 900℃制备的样品相比也稍差。

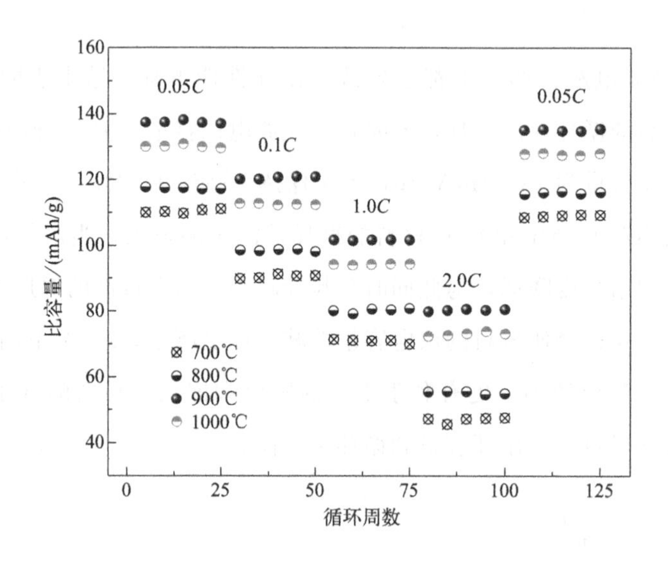

图 5-5　不同焙烧温度下制备样品的倍率性能曲线

5.3.3　焙烧时间对 Li_2MnSiO_4/C 材料的影响

5.3.3.1　物相与形貌影响

通过 5.3.2 小节对焙烧温度因素的考察，得到 Li_2MnSiO_4/C 材料的最适焙烧温度为 900℃，在此条件下，本小节讨论 Li_2MnSiO_4/C 材料的最佳焙烧时间。将前驱体放入管式炉，在 Ar 气氛中，先在 400℃焙烧 5h 再以 900℃恒温焙烧，焙烧时间分别设置为 9h、10h、11h 和 12h，随炉冷却后经过研磨得到不同焙烧时间下制备的 Li_2MnSiO_4/C 正极材料，并对各样品的结构、形貌和电化学性能进行了测试和比较。

图5-6为不同焙烧时间下所得 Li_2MnSiO_4/C 样品的X射线衍射谱图。由图可知，焙烧时间为9h和10h的样品均为纯度较高的 Li_2MnSiO_4/C 正极材料。随着焙烧时间由9h逐渐增加到10h，样品衍射峰的强度逐渐增强，半峰宽逐渐变窄，样品的结晶度也随之逐渐提高。而当焙烧时间延长到11h和12h时，虽然样品的结晶度良好，但均出现了MnO杂质峰，这是由于过长的焙烧时间会使在密闭环境中的 Li_2MnSiO_4/C 分解产生杂质。因此，焙烧时间过长不利于 Li_2MnSiO_4/C 的合成。综上所述，10h条件下的 Li_2MnSiO_4/C 样品纯度和结晶度都优于其他焙烧时间。

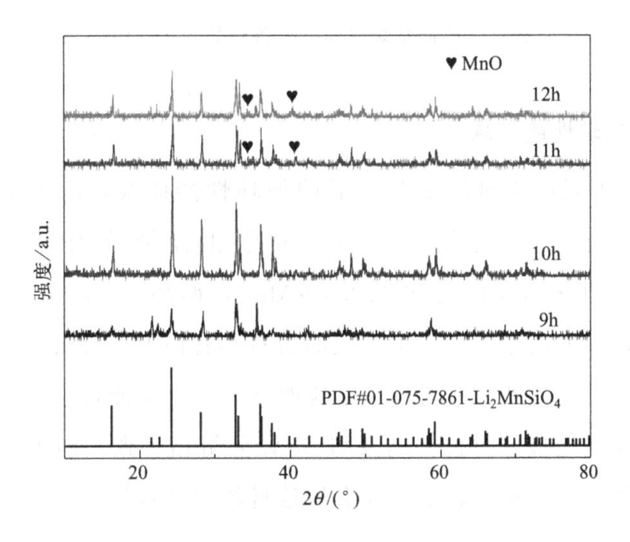

图5-6 不同焙烧时间制备样品的XRD谱图

图5-7展示了不同焙烧时间得到的 Li_2MnSiO_4/C 样品的SEM图，从总体来看，部分材料的颗粒存在团聚现象。实验结果表明，在9h时，由于焙烧时间过短，晶体发育不充分，所得材料的颗粒尺寸分布相对不均匀，小尺寸颗粒居多，但并未发生严重团聚现象；随着时间延长至10h，颗粒尺寸逐渐变小，粒径分布趋于均匀，分散度较好，团聚现象有所改善；然而，当时间延长至11h和12h时所制备的样品颗粒又会持续生长并伴有显著的团聚现象，从而形

成更大的二次晶粒。而较大的晶粒会造成锂离子在晶体中的扩散距离较远，对锂离子在充放电过程中的迁移有不利影响。综上所述，在10h的最佳焙烧条件下，所得样品的颗粒分布较均匀，粒径较小。

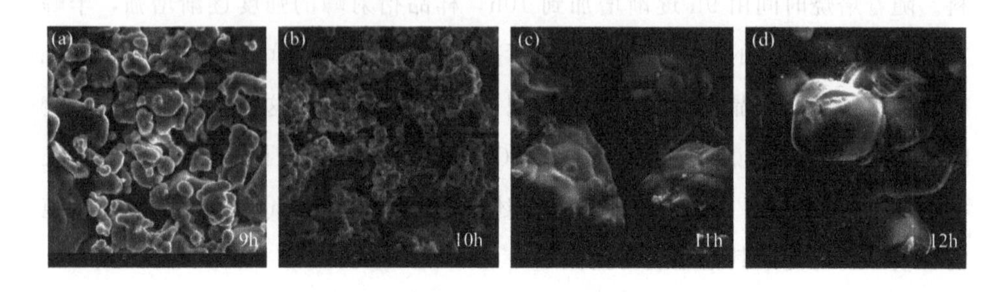

图 5-7 不同焙烧时间下制备样品的 SEM 图

5.3.3.2 电化学性能影响

图5-8为不同焙烧时间下各样品的循环性能曲线，由图可知，样品在9h、10h、11h和12h的条件下初始放电比容量分别为108.6mAh/g、136.8mAh/g、126.9mAh/g和122.6mAh/g，循环50次后，均略有衰减。由图可知，在10h的焙烧时间下合成的材料具有最大的首次放电比容量和循环后剩余比容量，且波动相对较小，说明其电化学性能稳定，所以焙烧时间为10h的样品性能最好。这一结果与SEM分析相一致，缩短焙烧时间会降低材料的结晶度，但延长焙烧时间会导致材料的晶粒增大，从而降低材料的电化学性质。

图5-9为不同焙烧时间下制备的Li_2MnSiO_4/C样品的倍率性能曲线。所有样品均在1.5～4.8V的电压范围内，0.05*C*充电后依次在0.05*C*、0.1*C*、1*C*、2*C*倍率下放电并各循环25次。在0.1*C*、1*C*和2*C*时，所有样品的放电比容量相对较低，且衰减较大。总体上，10h的样品表现出较佳的倍率性能，尤其是在0.05*C*放电时表现出较高的放电比容量。当电流恢复到0.05*C*时，10h条件下制得样品的放电比容量为132.2mAh/g，为首次放电比容量的96.2%，明显高于同条件下其他时间的恢复容量。

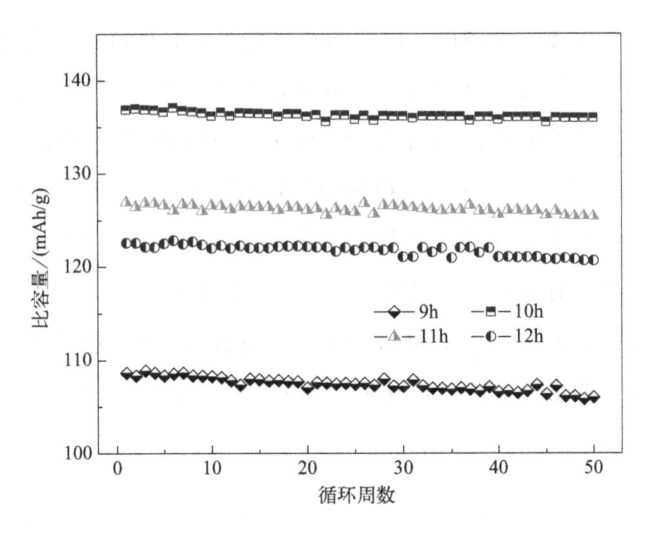

图 5-8　不同焙烧时间下制备样品的循环性能曲线

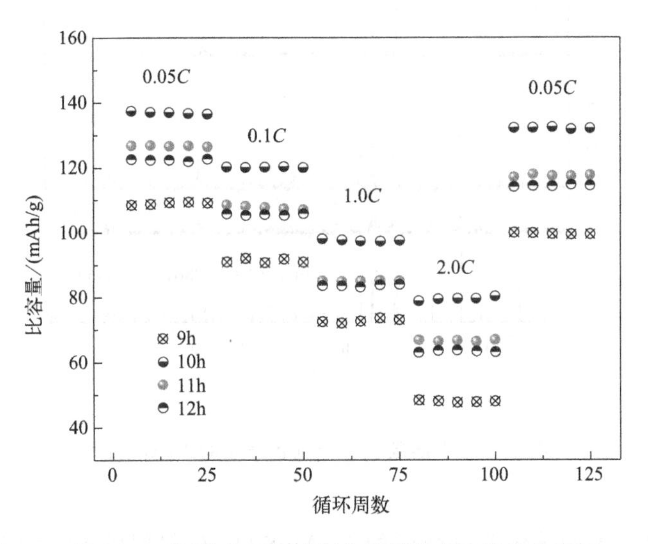

图 5-9　不同焙烧时间下制备样品的倍率性能曲线

5.3.4　碳包覆量对 Li_2MnSiO_4/C 材料的影响

5.3.4.1　物相与形貌影响

本小节所添加的碳源是对金属离子具有一定配位性的柠檬酸，经焙烧（惰性气氛）可以生成无定形碳层，以达到对最终制备的材料性能优化的效果。本小节讨论了不同碳包覆量（柠檬酸与碳酸锰的质量比）对 Li_2MnSiO_4/C 材料的影响。将不同比例的柠檬酸与 Li_2MnSiO_4/C 材料的前驱体混合，使碳包覆量分别为 0.2、0.3、0.4、0.5。观察图 5-10 能够得出，当碳包覆量为 0.2 时，材料的衍射峰峰值强度较低，含有一定量的杂质，主要为 MnO。当碳包覆量为 0.3 时，材料具有最高的衍射峰峰值，杂质消失，结晶度最佳。然而，随着碳包覆量的不断增大，在 0.4 和 0.5 时，其衍射峰峰值强度有所下降。此外，在不同碳包覆量的衍射谱图中，并未发现晶体碳的衍射峰（26°），说明碳的存在形式为非晶态。

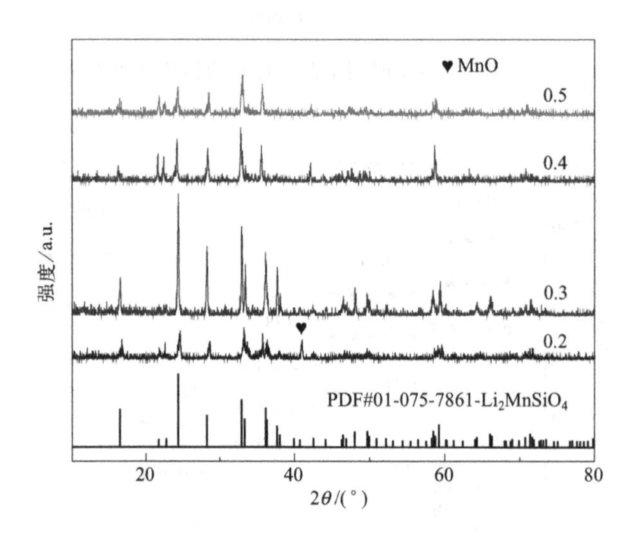

图 5-10　不同碳包覆量制备样品的 XRD 谱图

图 5-11 为不同碳包覆量合成的 Li_2MnSiO_4/C 材料的 SEM 图片，从四张图中可以看出，在不同碳包覆量的条件下，得到的样品形态有显著差异。随着碳包覆量的增加，Li_2MnSiO_4/C 材料的颗粒尺寸逐渐变小。碳包覆量为 0.2 的条件下，因为柠檬酸含量过低，不能完全配位 Mn^{2+}，所以所得的样品粒径较大；加大柠檬酸的剂量，在碳包覆量为 0.3 的情况下，样品的粒径开始减小，并且粒度分布更加均匀；随着碳包覆量提高到 0.4、0.5，样品的一次晶

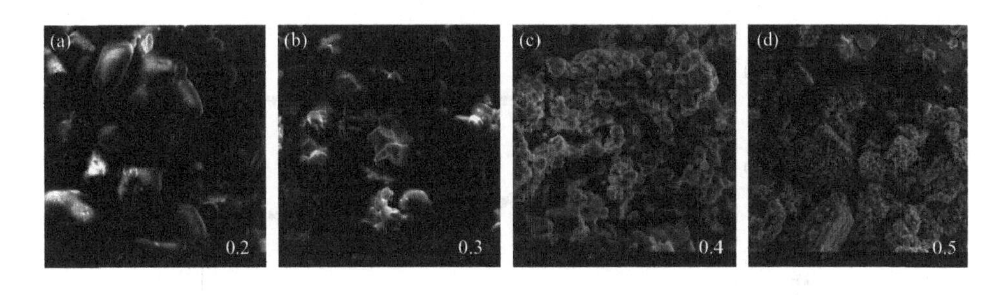

图 5-11　不同碳包覆量下制备样品的 SEM 图

粒尺寸也随之逐渐减少，但一次晶粒间会出现团聚现象而形成更大的二次晶粒。通过对上述结果分析可知，加入柠檬酸有利于制备颗粒尺寸更小的材料。这是由于柠檬酸会在焙烧时生成碳，从而阻碍了晶粒的生长。在碳包覆量超过 0.3 的情况下，样品颗粒会发生较大的团聚，从而对其电化学性能产生不良影响。

5.3.4.2　电化学性能影响

图 5-12 显示了不同碳包覆量的 Li_2MnSiO_4/C 材料在 0.05C 下的循环性能。由图可知，各样品的放电比容量都随着循环次数的增加而逐渐减小。在整个循环过程中，呈现出最高放电比容量的是碳包覆量为 0.3 的样品，在经过 50 次循环后，其放电比容量仍可达 136.9mAh/g。而当样品的碳包覆量为 0.2、0.4 和 0.5 时，在经过 50 次循环后，各样品分别保持 113.5mAh/g、130.0mAh/g 和 125.1mAh/g 的放电比容量。碳包覆量为 0.3 时，其电化学性质最佳，这是因为在此条件下，碳包覆层和电子导电性两者之间的平衡效果最佳。碳包覆量太高或太低会影响产物的电化学性能，随着碳包覆量的减少，Li_2MnSiO_4/C 材料的电化学特性主要受电子电导率的影响；随着碳包覆量的增加，Li_2MnSiO_4/C 材料自身电化学性能受碳包覆量的影响要比电子电导率大。

图 5-13 为 Li_2MnSiO_4/C 材料的倍率性能曲线，由图可知，当碳包覆量为 0.2、0.4 和 0.5 时，在初始 0.05C 的电流下比容量衰减较为严重，最后分别

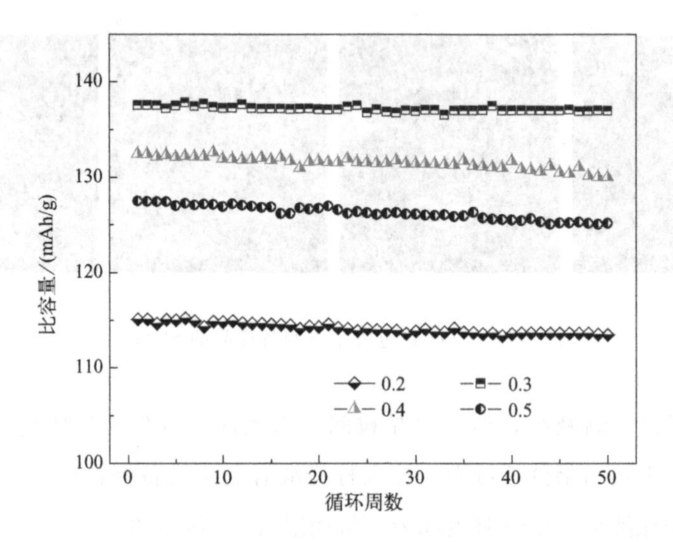

图 5-12　不同碳包覆量下制备样品的循环性能曲线

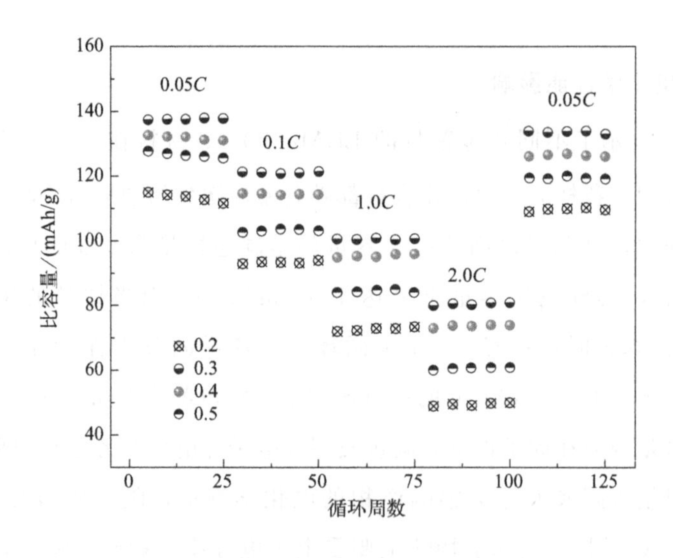

图 5-13　不同碳包覆量下制备样品的倍率性能曲线

稳定在 111.6mAh/g、131.4mAh/g 和 125.5mAh/g 左右，与之相比碳包覆量为 0.3 的样品有更好的倍率性能，0.05*C* 的比容量基本稳定在 137.5mAh/g 左右，并且有上升趋势，在 0.1*C*、1*C* 和 2*C* 时的比容量也高于其他条件，这可能是因为材料具有相对较小的粒径造成的。由此也可以说明，对 Li_2MnSiO_4/C 材料来说，碳包覆层对其电导率的提高和电化学性能的改善具有一定作用，但想要达到最佳效果，碳包覆量必须控制在一定的范围之内。

5.3.5　最佳条件下制备的 Li_2MnSiO_4/C 材料性能

最佳条件下合成的 Li_2MnSiO_4/C 材料的 XRD 谱图如图 5-14 所示。XRD 谱图中的所有衍射峰均对应于 Li_2MnSiO_4 的正交结构，空间群为 Pmn21。样品的衍射峰尖锐，晶体程度较好，谱图中没有发现其他物质的衍射峰，表明制得的 Li_2MnSiO_4/C 正极材料纯度较高。

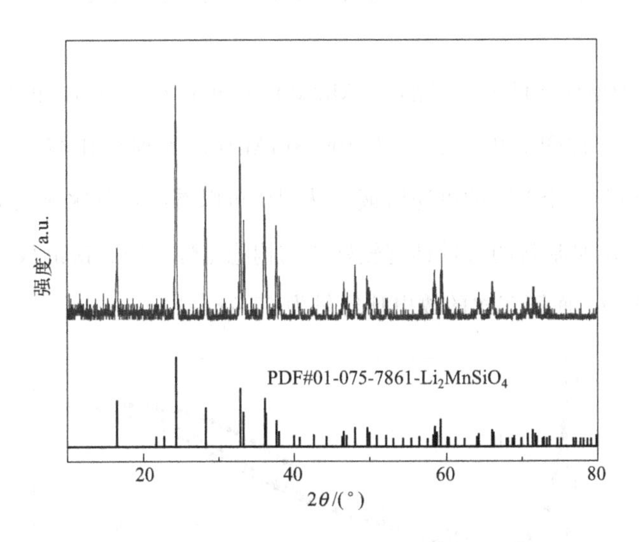

图 5-14　Li_2MnSiO_4/C 正极材料的 XRD 谱图

最佳条件下合成的 Li_2MnSiO_4/C 的 SEM 图如图 5-15(a) 所示。材料的电化学性能受自身颗粒尺寸影响较大，颗粒尺寸越小，越能缩短锂离子的扩散距离，从而越有利于材料电化学性能的发挥。在高倍率的放大倍数下，可以看出合成的 Li_2MnSiO_4/C 材料的颗粒均匀性不是很理想，在焙烧过程中还伴随着团聚现象的产生。样品的主要元素的元素映射光谱如图 5-15(b)～(e)所示，制得的样中含有 O、Mn、Si 和 C 元素，其元素分布与 Li_2MnSiO_4/C 材料一致。

从图中可以看出，碳包覆材料表面的C较少且分布均匀，材料表面有一定量的Mn和Si存在，造成这一现象的原因是碳包覆量较少，包覆的碳层较薄，其厚度远低于测试深度（几微米），所以包覆层下的元素仍能被检测到。

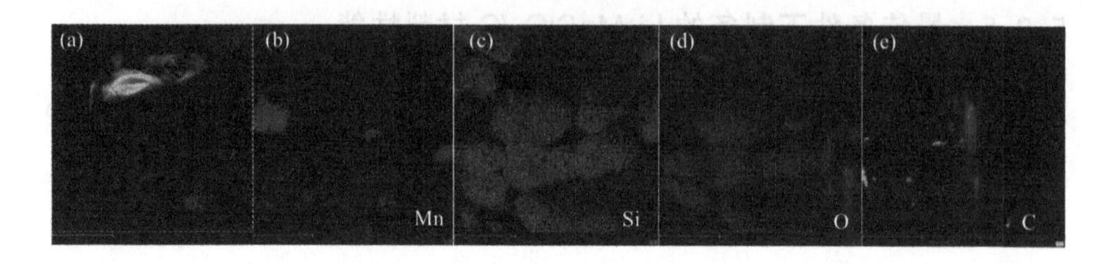

图 5-15 Li_2MnSiO_4/C 正极材料的 SEM 图及主要元素的元素映射光谱图

图 5-16 为最佳条件下合成的 Li_2MnSiO_4/C 正极材料在 1*C* 的电流下的前三次充放电曲线。首圈放电比容量为 109.8mAh/g，为理论比容量（333mAh/g）的 34%，对应于 1 个 Li^+ 的可逆脱嵌。从图中可以看出，首次充放电曲线与后面的曲线类似，说明制备的材料具有较好的结构稳定性。第二次的放电比容量减小到 105.2mAh/g，而第三次的放电比容量为 93.7mAh/g。

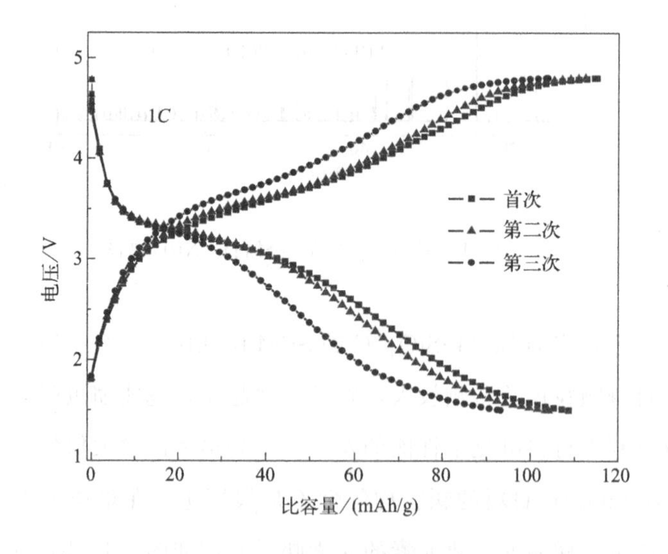

图 5-16 Li_2MnSiO_4/C 正极材料的前三圈充放电曲线

为了更好地观察充放电过程中样品的氧化还原过程，对合成材料进行了三次的循环伏安测试。扫描电压范围是 1.5～4.8V，扫描速度是 0.1mV/s，结果如图 5-17 所示，通过观察可以发现，样品在接近 4.5V 的位置，有一个非常显著的非可逆氧化峰，此氧化峰与材料在充电时 Mn^{2+} 氧化为 Mn^{3+}/Mn^{4+} 的转化过程相对应，表明在充电过程中，样品至少可以脱出一个锂离子。循环过程中，材料在大约 3.5V 时产生的氧化峰与 Mn^{2+} 氧化成 Mn^{3+} 及伴随的不可逆副反应相对应。在 1.8V 左右出现的小峰表明 Li_2MnSiO_4/C 样品在首次充电时的结构可能发生转变，形成了非晶体结构。

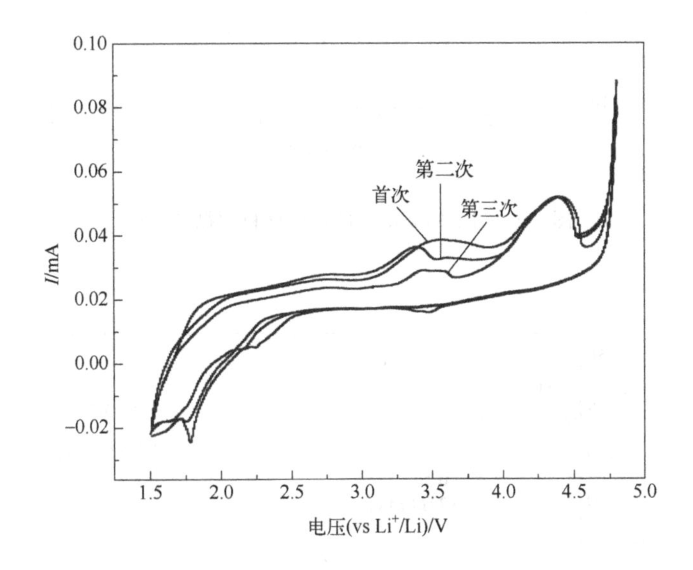

图 5-17　Li_2MnSiO_4/C 正极材料的循环伏安曲线

图 5-18 为最佳条件下合成的 Li_2MnSiO_4/C 在 0.05*C* 倍率下的循环性能曲线。从图中可以看出，Li_2MnSiO_4/C 材料的放电比容量随循环次数的增加而降低。在 0.05*C* 的电流下，首次放电比容量达 137.5mAh/g，100 次循环后，其比容量下降至 133.8mAh/g，容量保持率达 97.3%。图 5-19 为 Li_2MnSiO_4/C 正极材料的倍率性能图，分别在 0.05*C*、0.1*C*、1*C* 和 2*C* 的电流下进行 25 次充放电循环，材料放电比容量分别为 136.7mAh/g、120.1mAh/g、101.5mAh/g 和 80.6mAh/g。当电流再次回到 0.05*C* 倍率时，最佳条件下制

得样品的放电比容量约为首次放电比容量的96.3%。

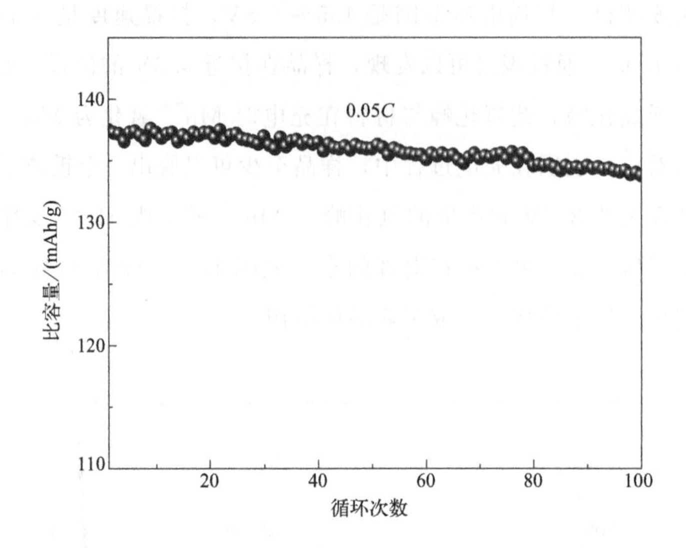

图 5-18　Li_2MnSiO_4/C 正极材料的循环性能

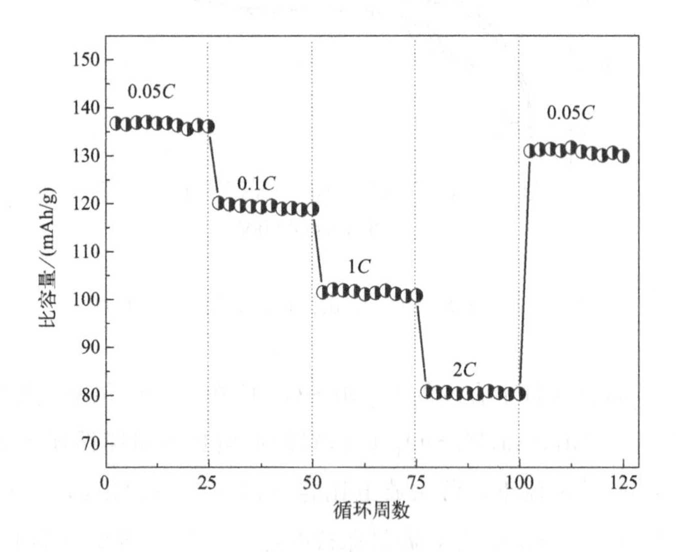

图 5-19　Li_2MnSiO_4/C 正极材料的倍率性能

5.4 小结

本章利用球形二氧化硅粉体为原料，采用两段焙烧工艺来合成 Li_2MnSiO_4/C 正极材料，考察了焙烧温度、焙烧时间、碳包覆量三个因素对所制得的 Li_2MnSiO_4/C 正极材料的晶体结构、微观形貌和电化学性能方面的影响，最终得出的结论如下：

① 通过实验，最终得出两段焙烧工艺合成 Li_2MnSiO_4/C 正极材料的最佳条件为：焙烧时间 900℃，焙烧时间 10h，碳包覆量 0.3，此时制备的 Li_2MnSiO_4/C 材料纯度较高，颗粒较小，更有利于缩短锂离子扩散距离。

② 电化学测试结果表明：在 0.05C 倍率下，最佳条件下合成的 Li_2MnSiO_4/C 正极材料具有 137.5mAh/g 的首次放电比容量，经 100 次循环后，该材料的放电比容量仍可达 133.8mAh/g，容量保持率高达 97.3%。

③ 以红土镍矿制备的球形二氧化硅为原料合成的 Li_2MnSiO_4/C 正极材料具有经济、环保、节能、产物性能好等优点，值得进一步研究。

第 6 章 水热法合成碳复合聚阴离子型 $LiMnPO_4$ 正极材料

6.1 $LiMnPO_4$ 正极材料概述及研究现状

$LiMnPO_4$ 具有原料丰富、价格低廉、结构稳定、能量密度高、4.1V 的电压平台和循环稳定性好等优点，并且充放电平台位于现有电解液体系（基于碳酸酯溶剂）的电化学稳定窗口，因此 $LiMnPO_4$ 是一种非常有前景的正极材料。$LiMnPO_4$ 的性能与材料的制备方法紧密相关，研究者采用的制备方法有固相合成法、溶胶凝胶法、共沉淀法等。水热法反应是在密闭容器中进行的，是人为的一个高温、高压环境，在显著低于固相法的反应温度下，可以制备出其他方法难以制备的超细粉体材料，通过简单的水热法合成来制备 $LiMnPO_4$，此方法具有简便、耗时少、反应温和等优点，同时该反应物能够很好地分散在溶液中，物相的形成、晶粒的大小以及形貌易于控制，产物的分散性也很好。研究表明，不同原料的选择对材料的粒径、形貌及电化学性能的影响较大。目前，Li_3PO_4 作为锂源来合成 $LiMnPO_4$ 得到大家的广泛关注，以 Li_3PO_4 为锂源可以通过离子交换、水热合成 $LiMnPO_4$，这种方法有助于抑制晶粒的长大，有利于 $LiMnPO_4/C$ 容量的发挥。然而，不同粒径和形貌的 Li_3PO_4 对材料的电化学性能的影响较大。

本章通过水热法来合成 $LiMnPO_4/C$ 复合材料，为了抑制晶粒的长大和团聚，空心球形 Li_3PO_4 被用来取向诱导 $LiMnPO_4$ 的形貌和结构，探讨了不同参数对 Li_3PO_4 晶粒大小和形貌的影响，以期得到合成 Li_3PO_4 的最佳工艺条件；探讨了不同参数对 $LiMnPO_4/C$ 复合材料的形貌、结构和电化学性能的影响，以期得到合成 $LiMnPO_4/C$ 复合材料的最佳条件。

6.2 沉淀法制备 Li_3PO_4 的工艺与材料特性

中和生成 Li_3PO_4 的关键是 $[Li^+]^3 \cdot [PO_4^{3-}]$ 的值要高于 $K^{\ominus}_{sp[Li_3PO_4]}$ (2.37×10^{-11})。由于 Li_3PO_4 溶于 H_3PO_4 中，因此要保证 H_3PO_4 一旦进入中和反应体系，就有 LiOH 将其完全中和，所以要将 H_3PO_4 溶液向 LiOH 溶液中缓慢滴加。由于 LiOH 的过量，每个 H^+ 进入中和体系时被多个 OH^- 包围，在离子之间静电引力的作用下通过磁力搅拌，生成空心球状。

沉淀生成过程包括两个阶段：晶体的形核与生长，这两个阶段决定了磷酸盐晶粒的形貌特征。如果晶核形成速率很快，而晶体的生长速率很慢或接近停止，可得到较小的晶粒；如果晶核形成速率很慢，并有一定的晶体生长速率，便可得到较大的晶粒。其中 pH 值和酸碱的浓度决定了两阶段平衡移动的方向，进而影响了粒子长大速度和晶粒的成核速度。

$$3Li^+(aq)+PO_4^{3-}(aq)\longrightarrow Li_3PO_4(s) \tag{6-1}$$

以分析纯 H_3PO_4 和 $LiOH \cdot H_2O$（体积比 1∶4）为原料配成一定浓度溶液，研究了不同反应温度、LiOH 浓度、H_3PO_4 浓度、酸入碱速度对 Li_3PO_4 晶粒大小和微观形貌的影响。

6.2.1 沉淀法制备 Li_3PO_4 的正交实验

以 Li_3PO_4 的粒径大小为考察指标，表 6-1 为正交实验因素水平表。

表 6-1　沉淀法合成 Li_3PO_4 正交实验因素水平表

水平	因素			
	A	B	C	D
	反应温度/℃	磷酸浓度/(mol/L)	氢氧化锂浓度/(mol/L)	酸入碱速度/(mL/min)
1	25	0.5	0.5	1.1
2	50	1.0	1.0	2.2
3	80	1.5	1.5	3.3

从图 6-1 的结果可看出，在设置的四个工艺参数中，其极差的大小排列顺序为：$R_B > R_D > R_C > R_A$，从而得到影响因素的主次顺序为：

主 → 次

H_3PO_4 浓度　酸入碱速度　LiOH 浓度　反应温度

H_3PO_4 浓度是影响样品粒径大小最大的因素，随着 H_3PO_4 浓度的增加，样品的粒径大小先降低后升高；随着酸入碱速度的增加，样品粒径的大小逐渐增加；LiOH 浓度增加，样品粒径大小逐渐降低，说明 pH 越高越有利于减小 Li_3PO_4 的粒径；随着反应温度的升高，样品的粒径大小也是先降低后升高。综合以上分析，初步确定本实验的优化水平为：反应温度为 50℃、H_3PO_4 浓度为 1.0mol/L、LiOH 浓度为 1.5mol/L 和酸入碱速度为 3.3mL/min。

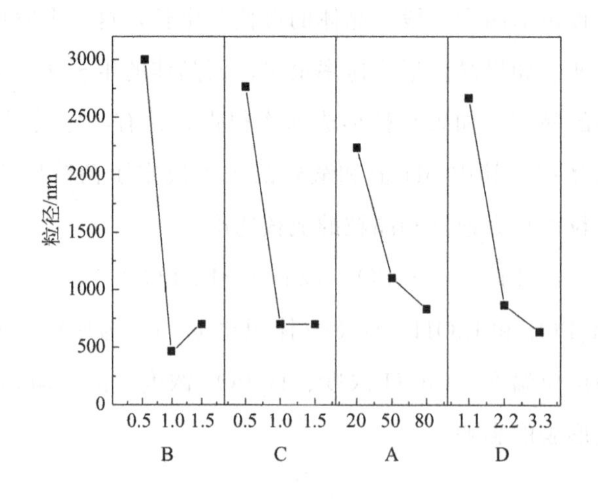

图 6-1　Li_3PO_4 粒径与因素水平关系图

9 组 Li_3PO_4 样品的 SEM 对比如图 6-2 所示。样品大小、形貌各异，大体上都是球体，其中 L-6 和 L-8 号样品由 100nm 左右的晶粒组成，L-8 号样品由均匀且分散的晶粒组成，但是 L-6 号样品团聚现象较明显；从 L-4、L-5 和 L-7 号样品可以明显看出 Li_3PO_4 样品是由空心球组成的，L-5 号样品晶粒较 L-4 和 L-7 号样品的晶粒均匀些；L-1、L-2、L-3 和 L-9 号样品形貌相似度较高，均未见空心球状的 Li_3PO_4 晶粒出现。

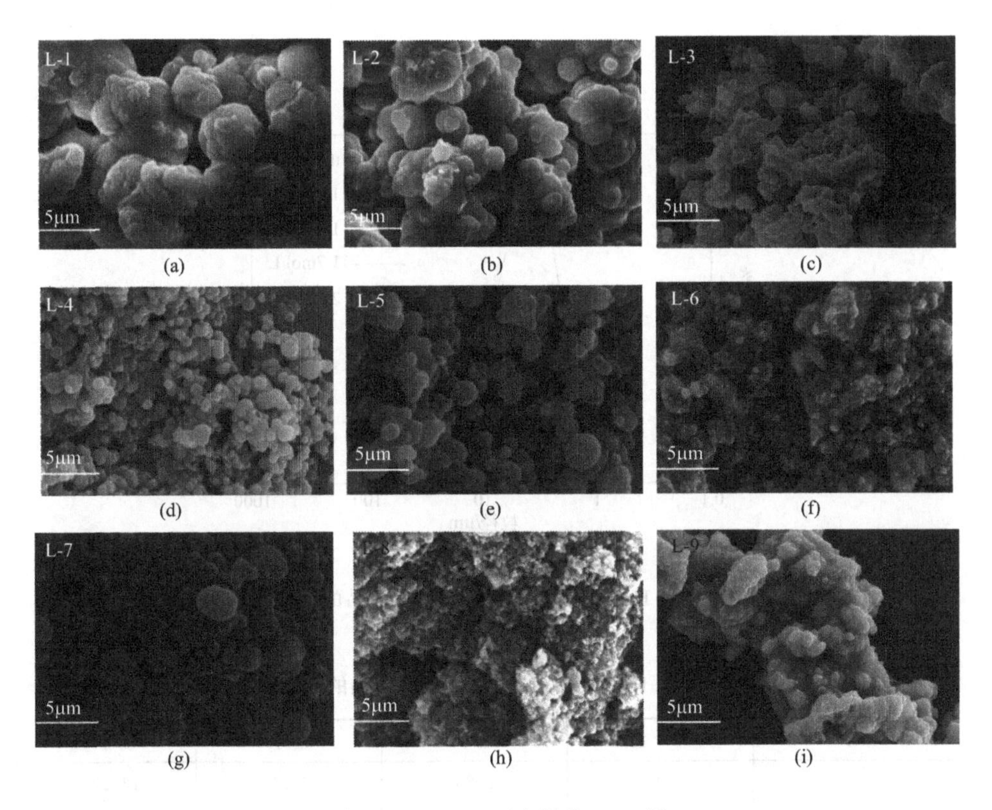

图 6-2　Li_3PO_4 正交样品 SEM 图

6.2.2　H_3PO_4 浓度对 Li_3PO_4 形貌及晶粒大小的影响

在反应温度为 50℃、LiOH 浓度为 1.5mol/L 和酸入碱速度 3.3mL/min 情况下，考察 H_3PO_4 浓度为 0.8mol/L、1.0mol/L、1.2mol/L、1.7mol/L 和 2.0mol/L 对 Li_3PO_4 样品晶粒大小和微观形貌的影响规律。

五组不同 H_3PO_4 浓度实验得到的 Li_3PO_4 样品的激光粒度分布对比如图 6-3 和表 6-2 所示。在测试图中 H_3PO_4 浓度为 0.8mol/L、1.0mol/L、1.2mol/L 和 2.0mol/L 时的峰型基本相同，在测试图中出现了三个肩峰，H_3PO_4 浓度为 1.7mol/L 时只有一个峰，说明材料的均一性较好。表 6-2 再一次说明随着 H_3PO_4 浓度的增加，样品的粒径大小先降低后升高。由图 6-3 结合表 6-2 看出，H_3PO_4 浓度为 1.7mol/L 时得到的 Li_3PO_4 样品粒度分布较窄，粒径较小、大小均一。

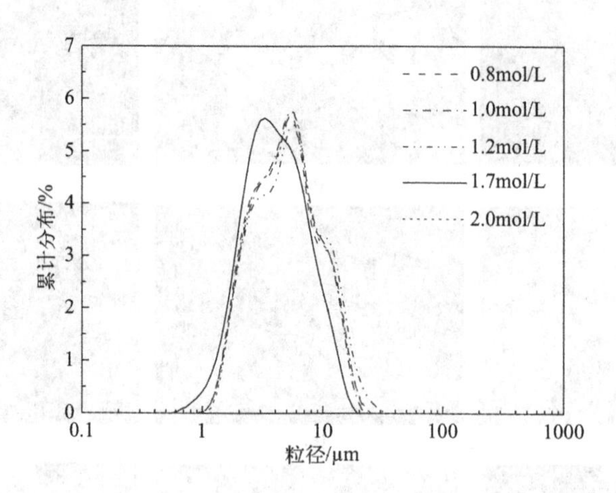

图 6-3 不同 H_3PO_4 浓度合成 Li_3PO_4 样品的粒度分布图

表 6-2 不同 H_3PO_4 浓度合成 Li_3PO_4 样品的粒度分布表

H_3PO_4 浓度/(mol/L)	峰个数	D_{10}/μm	D_{50}/μm	D_{90}/μm
0.8	3	2.23	5.35	13.12
1.0	3	2.17	5.03	12.01
1.2	3	2.21	5.08	11.67
1.7	1	1.93	4.12	9.39
2.0	3	2.23	5.13	11.96

五组不同 H_3PO_4 浓度实验合成的 Li_3PO_4 样品的 SEM 对比如图 6-4 所示。五组 Li_3PO_4 样品的晶粒尺寸不同，都是形貌相似的类球形，均有不同程度的团聚。其中 H_3PO_4 浓度为 0.8mol/L 的 Li_3PO_4 样品晶粒较大，均匀性较好，但是出现了严重的团聚现象；H_3PO_4 浓度为 1.0mol/L 的 Li_3PO_4 样品晶粒尺寸次之，也出现了严重的团聚现象；H_3PO_4 浓度为 1.2mol/L 的 Li_3PO_4 样品晶粒团聚现象开始减弱，但是晶粒大小不均匀；H_3PO_4 浓度为 1.7mol/L 的 Li_3PO_4 样品晶粒分散性良好且大小均匀；H_3PO_4 浓度为 2.0mol/L 的 Li_3PO_4 样品晶粒又出现严重的团聚现象，同时晶粒均匀性较差。出现这种现象的原因是：H_3PO_4 浓度较小时，单位时间进入中和反应体系的 PO_4^{3-} 较少，晶核形成速率很慢，伴

有一定的晶体生长速率，得到了较大的晶粒；H_3PO_4 浓度较大时，单位时间进入中和反应体系的 PO_4^{3-} 较多，晶核形成速率很快，在一定的晶体生长速率下，得到了大小不均匀的晶粒。综上所述，结合粒度分布图和 SEM 图分析得到 H_3PO_4 浓度为 1.7mol/L 时得到的 Li_3PO_4 样品粒径较小、大小均一。

图 6-4　不同 H_3PO_4 浓度合成 Li_3PO_4 样品的 SEM 图

6.2.3 酸入碱速度对 Li_3PO_4 形貌及晶粒大小的影响

在反应温度为50℃、LiOH 浓度为 1.5mol/L 和 H_3PO_4 浓度为 1.7mol/L 情况下，考察酸入碱速度为 3.3mL/min、5.5mL/min、7.7mL/min 和 11.1mL/min 对 Li_3PO_4 样品晶粒大小和微观形貌的影响规律。

表 6-3 不同酸入碱速度合成 Li_3PO_4 样品的粒度分布表

酸入碱速度/(mL/min)	峰个数	D_{10}/μm	D_{50}/μm	D_{90}/μm
3.3	1	1.68	3.81	8.60
5.5	3	0.90	2.78	6.53
7.7	3	0.98	3.17	7.43
11.1	3	2.15	4.81	12.10

四组不同酸入碱速度的 Li_3PO_4 样品的激光粒度分布对比如图 6-5 和表 6-3 所示。从图上可以看到，酸入碱速度为 5.5mL/min、7.7mL/min 和 11.1mL/min 时出现了三个肩峰，表明材料均一性较差，酸入碱速度为 3.3mL/min 时，粒度分布图只有一个峰存在，说明 Li_3PO_4 材料晶粒分布均匀。表 6-3 说明随着酸入碱速度的增加，样品的粒径大小逐渐升高。由图 6-5 结合表 6-3 看出，酸入碱的速度为 3.3mL/min 时得到的 Li_3PO_4 样品均一性较好。

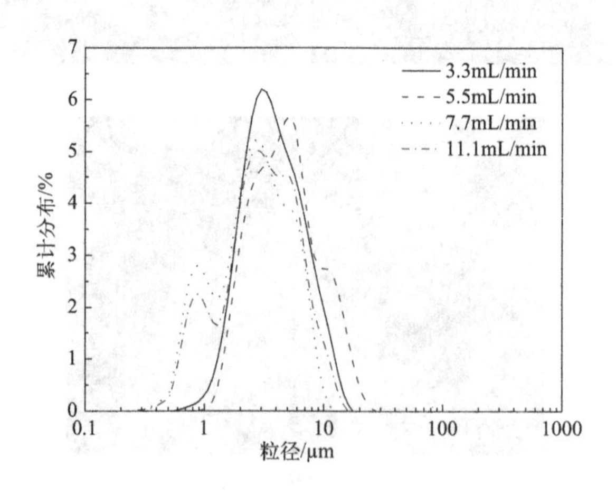

图 6-5 不同酸入碱速度合成 Li_3PO_4 样品的粒度分布图

四组不同酸入碱速度 Li_3PO_4 样品的 SEM 对比如图 6-6 所示。四组 Li_3PO_4 样品的晶粒大小不一，都是形貌相似的类球形。酸入碱速度为 3.3mL/min 的 Li_3PO_4 样品未出现团聚现象，同时晶粒大小均一；酸入碱速度为 5.5mL/min 的 Li_3PO_4 样品也未出现团聚现象，晶粒也较均一，但是晶粒的尺寸较大；酸入碱速度为 7.7mL/min 的 Li_3PO_4 样品开始出现团聚现象，晶粒大小不均匀；酸入碱速度为 11.1mL/min 的 Li_3PO_4 样品出现严重团聚现象，同时晶粒的尺寸较大。出现这种现象的原因是：随着酸入碱速度的增加，单位时间内泵入的 PO_4^{3-} 也逐渐增加，所以单位时间内生成 Li_3PO_4 粒子的量也随之增加，同时 Li_3PO_4 粒子之间碰撞的概率也随之增加，导致了 Li_3PO_4 样品的团聚。

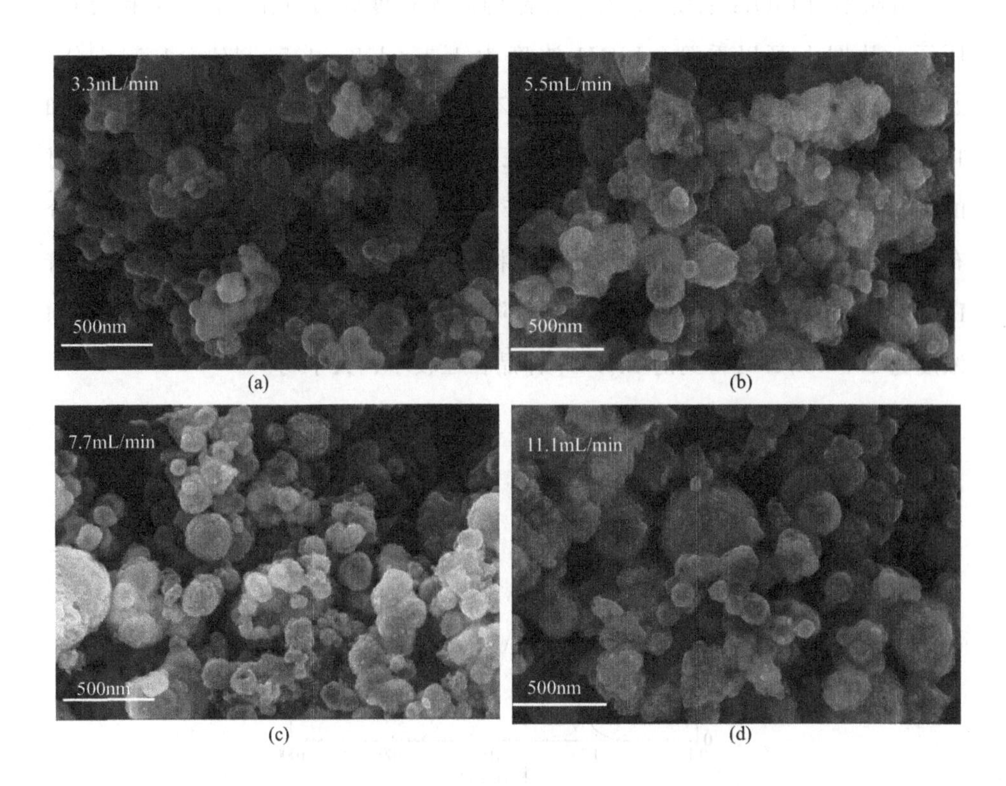

图 6-6　不同酸入碱速度合成 Li_3PO_4 样品的 SEM 图

综上所述，3.3mL/min 是个临界值，酸入碱速度的增加使得 Li_3PO_4 样品的团聚现象逐渐严重且晶粒粒径分布较宽，根据粒度分布图和 SEM 图分析得到酸入碱速度为 3.3mL/min 时得到的 Li_3PO_4 样品粒径较小、分散性好且均匀、无团聚现象。

6.2.4 LiOH 浓度对 Li_3PO_4 形貌及晶粒大小的影响

在反应温度为 50℃、H_3PO_4 浓度为 1.7mol/L 和酸入碱速度为 3.3mL/min 情况下，考察 LiOH 浓度为 1.3mol/L、1.5mol/L、1.7mol/L、2.0mol/L 和 2.2mol/L 对 Li_3PO_4 样品晶粒大小和微观形貌的影响规律。

五组不同 LiOH 浓度 Li_3PO_4 样品的激光粒度分布对比如图 6-7 和表 6-4 所示。从图上可以看到，LiOH 浓度为 1.3mol/L、1.5mol/L、1.7mol/L、2.0mol/L 和 2.2mol/L 时的峰型大不相同，LiOH 浓度为 1.3mol/L 和 1.5mol/L 时，图中出现了三个肩峰；LiOH 浓度为 1.7mol/L 和 2.2mol/L 时的峰型基本相同，图中出现了两个肩峰；LiOH 浓度为 2.0mol/L 时，粒度分布图中只有一个峰存在，说明 Li_3PO_4 材料晶粒分布均匀。表 6-4 说明，随着 LiOH 浓度的增加，样品粒径大小逐渐降低。由图 6-7 结合表 6-4 看出，LiOH 浓度为 2.0mol/L 时得到的 Li_3PO_4 样品粒径较小、大小均一。

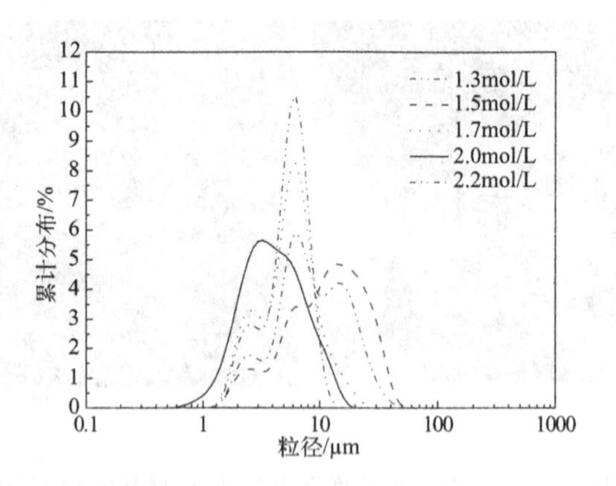

图 6-7 不同 LiOH 浓度合成 Li_3PO_4 样品的粒度分布图

表 6-4　不同 LiOH 浓度合成 Li_3PO_4 样品的粒度分布表

LiOH 浓度/(mol/L)	峰个数	$D_{10}/\mu m$	$D_{50}/\mu m$	$D_{90}/\mu m$
1.3	3	3.14	8.35	21.25
1.5	3	3.73	12.53	28.67
1.7	2	2.59	5.88	8.88
2.0	1	2.43	5.47	12.84
2.2	2	2.47	5.96	11.09

五组不同 LiOH 浓度 Li_3PO_4 样品的 SEM 对比如图 6-8 所示。五组 Li_3PO_4 样品的晶粒大小不一，都是形貌相似的类球形。其中 LiOH 浓度为 1.3mol/L 的 Li_3PO_4 样品晶粒有团聚现象出现，晶粒均匀性较差；LiOH 浓度为 1.5mol/L 的 Li_3PO_4 样品晶粒尺寸较大，未出现团聚现象；LiOH 浓度为 1.7mol/L 的 Li_3PO_4 样品晶粒有团聚现象出现，晶粒大小不一；LiOH 浓度为 2.0mol/L 的 Li_3PO_4 样品晶粒分散性较好，大小均匀；LiOH 浓度为 2.2mol/L 的 Li_3PO_4 样品晶粒分散性良好，大小不均匀。综上所述，根据粒度分布图和 SEM 图分析确定 LiOH 浓度为 2.0mol/L 为制备 Li_3PO_4 样品的优化条件。

6.2.5　反应温度对 Li_3PO_4 形貌及晶粒大小的影响

在 H_3PO_4 浓度为 1.7mol/L、LiOH 浓度为 2.0mol/L 和酸入碱速度为 3.3mL/min 情况下，考察反应温度为 30℃、40℃、50℃、60℃ 和 70℃ 对 Li_3PO_4 样品晶粒大小和微观形貌的影响规律。

不同反应温度合成 Li_3PO_4 样品的激光粒度分布对比如图 6-9 和表 6-5 所示。从图上可以看到，在反应温度较低的 30℃和 40℃时峰型大致相同，测试图中出现了三个肩峰；反应温度在 50℃ 时测试图中出现一个峰，说明 Li_3PO_4 材料晶粒分布均匀；反应温度在 30℃和 40℃时，测试图中出现了三个肩峰。根据激光粒度分布图分析得到反应温度为 50℃时得到的 Li_3PO_4 样品较

图 6-8 不同 LiOH 浓度合成 Li_3PO_4 样品的 SEM 图

优。由表 6-5 可见，随着反应温度的升高，样品的粒径大小也是先降低后升高的。

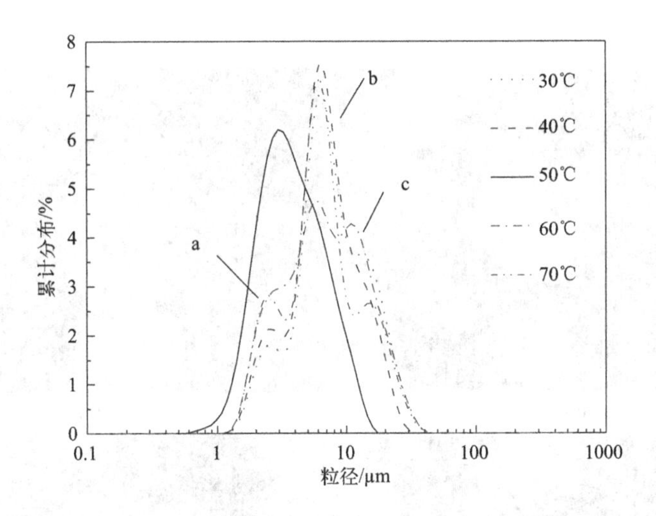

图 6-9　不同反应温度合成 Li_3PO_4 样品的粒度分布图

表 6-5　不同反应温度合成 Li_3PO_4 样品的粒度分布表

反应温度/℃	峰个数	$D_{10}/\mu m$	$D_{50}/\mu m$	$D_{90}/\mu m$
30	3	2.56	6.59	17.78
40	2	2.87	6.99	15.57
50	1	2.59	6.36	12.63
60	3	2.57	7.07	18.41
70	3	4.11	8.57	19.71

五组不同反应温度合成 Li_3PO_4 样品的 SEM 对比如图 6-10 所示。五组 Li_3PO_4 样品都是形貌相似的空心球形。其中反应温度为 30℃的 Li_3PO_4 样品晶粒有团聚现象出现，同时均匀性较差；反应温度为 40℃的 Li_3PO_4 样品晶粒有轻微的团聚现象；反应温度为 50℃的 Li_3PO_4 样品晶粒未出现团聚现象，大小均一；反应温度为 60℃的 Li_3PO_4 样品分散性较好，但是晶粒大小不均匀；反应温度为 70℃的 Li_3PO_4 样品晶粒分散性良好且大小均匀，但是粒径较大。可见随着温度的升高 Li_3PO_4 样品团聚现象逐渐消失，分散性变好，但是随着反应温度升高晶粒尺寸也逐渐增大，说明一定的加热温度有利于空心球形的均匀性和分散性。综上所述，根据粒度分布图和 SEM 图确定 50℃为制备 Li_3PO_4 样品的反应温度。

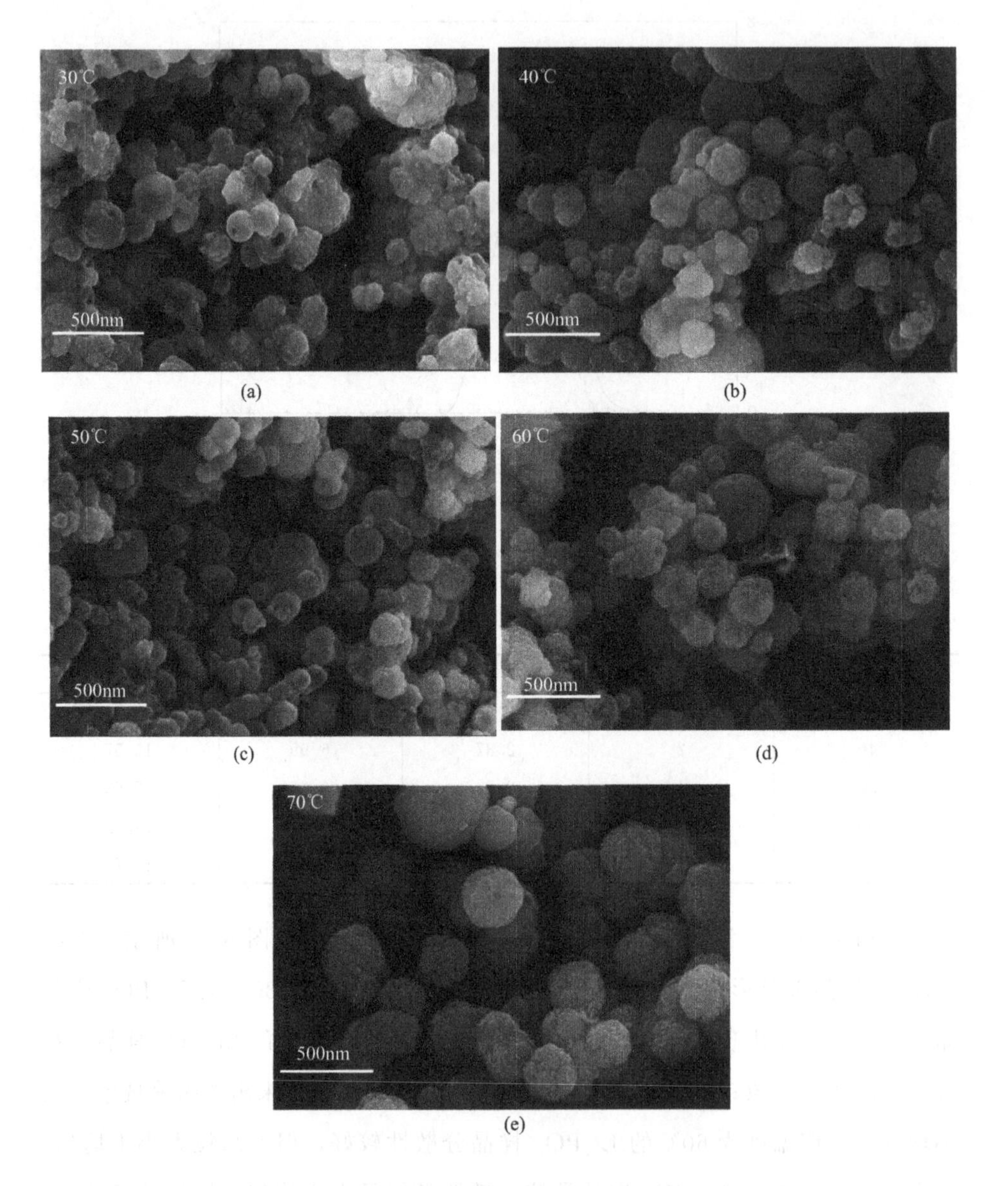

图 6-10　不同反应温度制备 Li_3PO_4 样品的 SEM 图

从以上实验获得，沉淀法制备 Li_3PO_4 材料的最优化方案为：反应温度为 50℃、H_3PO_4 浓度为 1.7mol/L、LiOH 浓度为 2.0mol/L 和酸入碱速度为 3.3mL/min。该条件下制备的 Li_3PO_4 粉体的粒径最小、大小均匀、分散性好。

6.2.6　沉淀法制备空心球形 Li_3PO_4 的热分析和物相化分析

图 6-11 为 Li_3PO_4 前驱体的热分析曲线。100℃以下 TG 曲线上的失重对应于 Li_3PO_4 中水分的蒸发，DTA 曲线上显示 100℃有一个吸热峰；100～300℃之间对应 TG 曲线上急剧的失重，约 6.5%；DTA 曲线显示 Li_3PO_4 在 450℃开始出现析晶，660℃处有放热峰表示析晶到最大程度，700℃结束析晶。本小节将 Li_3PO_4 前驱体煅烧 300℃后作为锂源来合成 $LiMnPO_4$，一是一定温度的煅烧可以增加 Li_3PO_4 的活性，DTA 曲线显示 Li_3PO_4 在 450℃开始析晶；二是保证 Li_3PO_4 中的水分能够挥发出去。

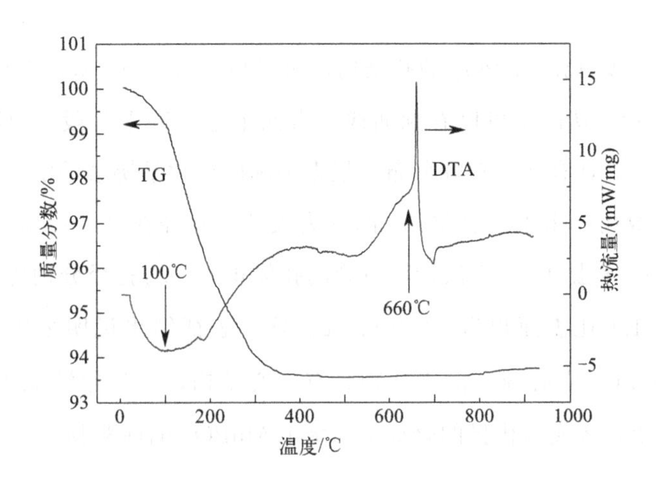

图 6-11　Li_3PO_4 的 TG 和 DTA 曲线

图 6-12 为 Li_3PO_4 未经热处理和经过 300℃、700℃热处理后的 XRD 图谱。由图可知，两个样品均与 JCPDS 25-1030 标准卡片基本吻合，在 16.9°、22.4°、23.4°、25.5°、34.2°和 38.8°的峰分别对应着（010）、（110）、（101）、（011）、（020）和（211）晶面衍射峰，说明两种 Li_3PO_4 样品具有 Pmn21 空间点阵群，同时说明两种样品均没有明显杂峰，合成了较为纯净的 Li_3PO_4 样品。经过 300℃热处理后的 Li_3PO_4 特征峰较未热处理样品的更加尖锐，说明材料的结晶性得到了提高。

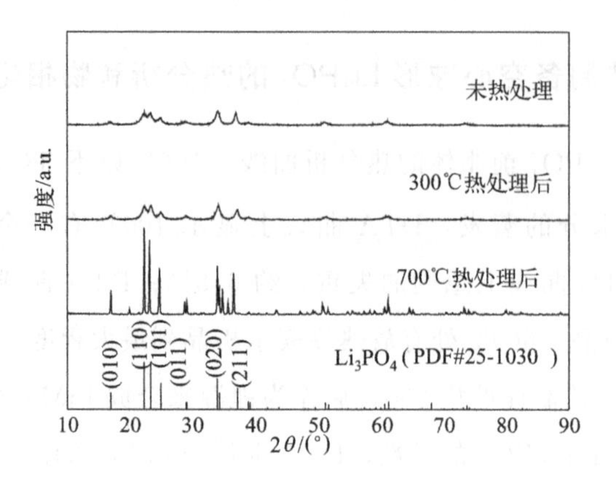

图 6-12 沉淀法合成 Li_3PO_4 的 XRD 图谱

为了进一步研究 Li_3PO_4 的孔结构，对样品进行了 N_2 等温吸附-脱附研究如图 6-13 所示。从图中可以看到曲线具有两个毛细凝聚阶段，说明产物在中孔及大孔区可能具有孔径双峰分布（根据国际应用化学协会的定义，孔径小于 2nm 的称为微孔；孔径大于 50nm 的称为大孔；孔径在 2～50nm 之间的称为中孔或介孔）。根据 BJH 方法计算得到的孔体积、平均孔径分别为 $0.91m^3/g$、36.05nm，BET 比表面积为 $79.19m^2/g$。这一表征结果说明采用沉淀法，制备了三维 Li_3PO_4 空心球。由于产物具有空心结构，并且组装成了三维微球，因此我们期望它将成为优异的合成纳米级 $LiMnPO_4$ 的前驱物。

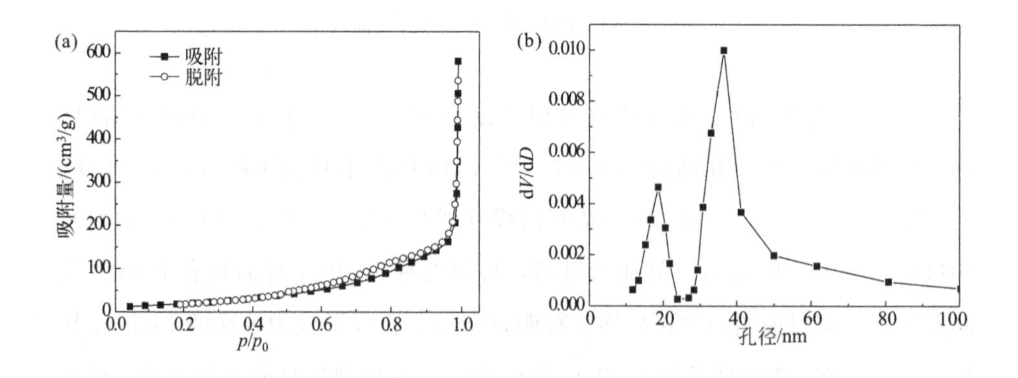

图 6-13 沉淀法合成 Li_3PO_4 的 N_2 等温吸附-脱附曲线及孔径分布图

6.3　水热法合成碳复合 $LiMnPO_4$ 的工艺、结构与电化学性能

6.3.1　水热法制备 $LiMnPO_4$/C 的正交实验

以分析纯 $MnSO_4 \cdot H_2O$ 和 6.2 节合成的 Li_3PO_4 为原料，研究了不同反应温度、反应时间、醇水体积比和反应物浓度对 $LiMnPO_4$/C 材料的结构、形貌和电化学性能的影响。

以 $LiMnPO_4$/C 在 0.05*C* 倍率充放电下首次放电比容量大小为考察指标，表 6-6 为正交实验因素水平表。

表 6-6　水热法合成 $LiMnPO_4$ 正交实验因素水平表

水平	因素			
	A	B	C	D
	反应温度/℃	反应时间/h	醇水体积比	反应物浓度/(mol/L)
1	150	8	1∶1.5	0.6
2	175	10	1∶2.0	0.8
3	200	12	1∶2.5	1.0

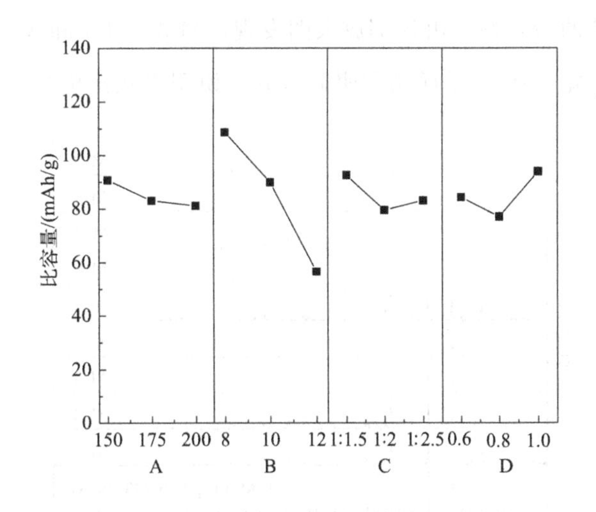

图 6-14　$LiMnPO_4$/C 样品首次放电比容量与因素水平关系图

水热法合成 $LiMnPO_4$/C 时，影响样品放电比容量大小的四个因素的趋势

图如图 6-14 所示。从图 6-14 中可以看出，反应时间是影响样品放电比容量最大的因素，随着反应时间的增加，样品的放电比容量逐渐降低，当反应时间为 8h 时，样品放电比容量最大；随着反应温度的升高，样品的放电比容量先降低后升高；随着醇水体积比的增加，样品放电比容量也是先降低后升高的；随着反应物浓度的逐渐增加，样品的放电比容量先降低后升高。

综合以上分析初步确定本实验的优化水平为：反应温度为 150℃、反应时间为 8h、醇水体积比为 1∶2 和反应物浓度为 1.0mol/L，在设置的四个工艺参数中，其极差的大小排列顺序为：$R_B>R_D>R_C>R_A$，从而得到影响因素的主次顺序为：

主 → 次

反应时间　反应物浓度　醇水体积比　反应温度

图 6-15 和图 6-16 为 $LiMnPO_4/C$ 复合材料九组实验中正交样品的 XRD 图谱，从图谱中可以看出，所有样品的主要特征峰都很尖锐，与 JCPDF 标准卡片（33-0803）密切吻合，其空间点群为 Pnma，晶相属于有序的正交晶系橄榄石结构，没有任何杂质相，如 Li_3PO_4 或 $Mn_2P_2O_7$。此外，在 XRD 谱图中，并没有观察到碳的衍射峰。由局部放大图发现，M-3、M-4 和 M-6 号样品的衍射峰强度、半峰宽与 M-7 号样品有明显差异，说明水热法的反应条件对 LiM-

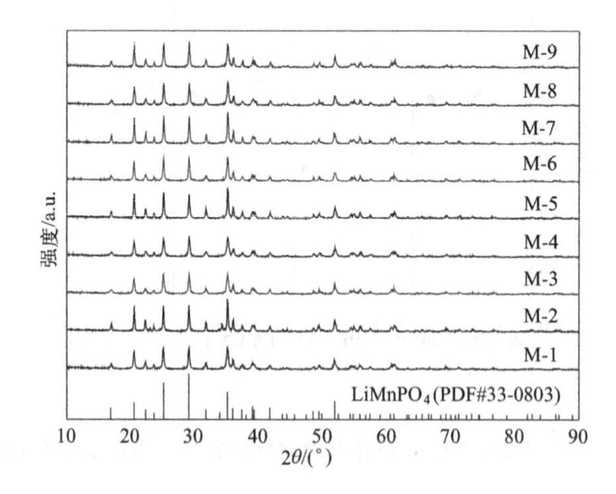

图 6-15　$LiMnPO_4/C$ 正交实验样品 XRD 图谱

nPO_4/C 结晶度与粒径有所影响。

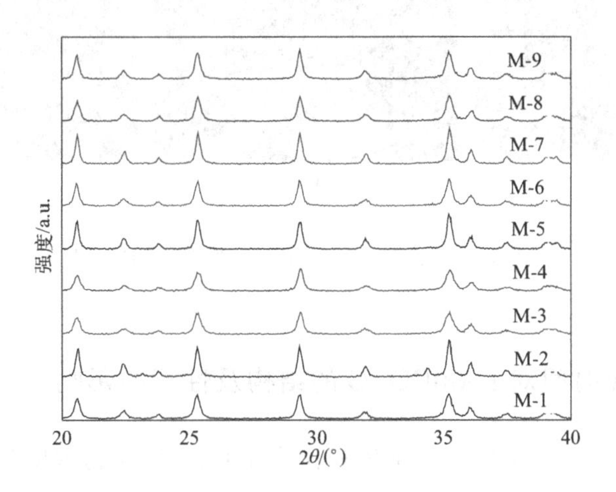

图 6-16 $LiMnPO_4$/C 正交实验样品局部放大 XRD 图谱

九组实验合成 $LiMnPO_4$/C 样品的 SEM 图如图 6-17 所示。从图中可以看出，九组样品的形貌相似，都是由类球形的晶粒组成的，物相组成和晶体结构无明显变化，但是不同样品之间的晶粒大小有明显差异。M-3、M-4 和 M-6 号样品出现了明显的团聚现象，晶体发育较差，这与之前 XRD 分析相吻合。

图 6-17

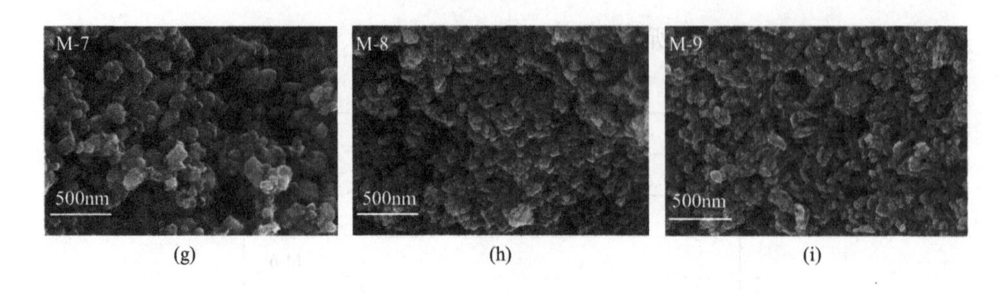

(g) (h) (i)

图 6-17 $LiMnPO_4$/C 正交实验样品 SEM 图

6.3.2 反应时间对 $LiMnPO_4$/C 的结构及性能的影响

在反应温度为 150℃、醇水体积比为 1∶2、反应物浓度为 1.0mol/L 和 550℃煅烧 3h 情况下，考察水热反应时间为 6h、7h、8h、9h 和 11h 对 $LiMnPO_4$/C 结构及性能的影响规律。

图 6-18 为不同水热反应时间条件下合成的 $LiMnPO_4$/C 复合材料的 XRD 图谱，从图谱中可以看出，所有样品的主要特征峰都很尖锐，与 JCPDF 标准卡片（33-0803）密切吻合，其空间点群为 Pnma，晶相属于有序的正交晶系橄榄石结构，没有任何杂质相。随着反应时间的增加，峰的强度逐渐增加，说明反应时间的不同对样品结晶度有明显的影响。

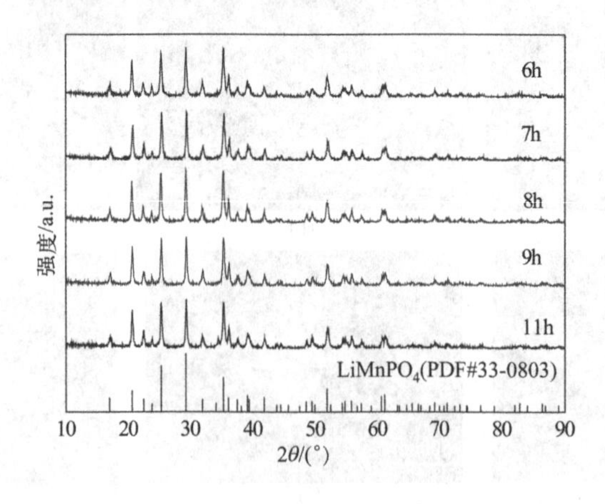

图 6-18 不同反应时间下合成 $LiMnPO_4$/C 样品的 XRD 图谱

图 6-19 为五组反应时间合成的 $LiMnPO_4/C$ 复合材料样品的 SEM 图，由图 6-19 可以看出，五组样品形貌没有较大差异，由几十纳米的一次小晶粒组成，存在很多孔隙。不同反应时间下合成的产物证明晶粒粒径随反应时间的增加而增大，但是反应时间较短会因粒径太小而发生团聚现象，不利于材料比容量的发挥。9h 合成的产物形貌与均一性较好，合成产物团聚程度较低，优于其他时间的合成产物。

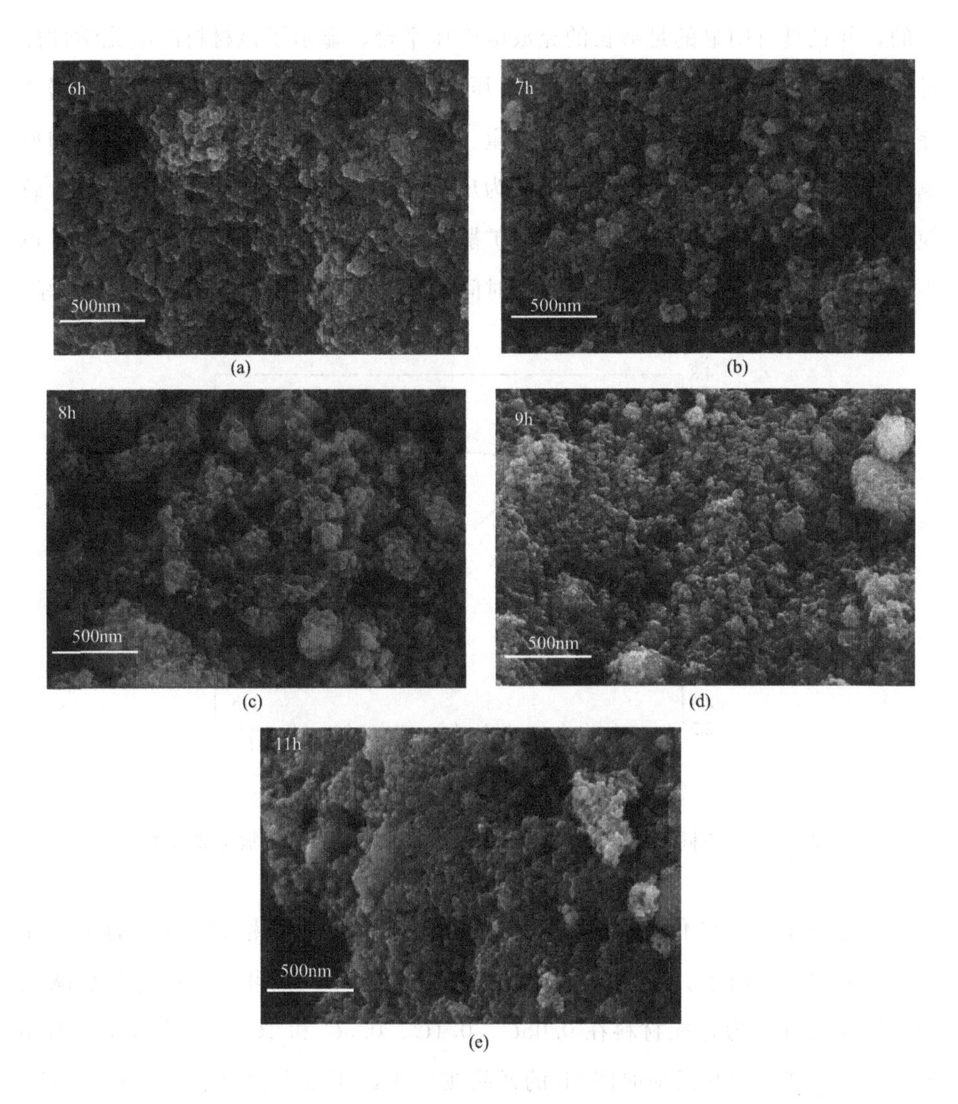

图 6-19　不同反应时间 $LiMnPO_4/C$ 样品的 SEM 图

图 6-20 为五组反应时间合成的 $LiMnPO_4$/C 复合材料的首次充放电曲线，从图中可以看出，所有样品均在 4.1V 左右出现电压平台，对应于 Mn^{3+}/Mn^{2+} 的氧化还原过程。五组材料中，它们的首次放电比容量相差很大，分别为 68.8mAh/g、79.4mAh/g、85.1mAh/g、101.1mAh/g 和 91.8mAh/g，说明不同反应时间对合成材料的电化学性能影响很大。当反应时间为 9h 时，合成的复合材料其充电电压是最低的，而放电电压最高，即其充放电电压差是最小的，并且具有明显的足够长的充放电电压平台，显示了该材料的电化学性能可逆性最好。当反应时间为 6h 时，电压平台很短，充放电曲线中斜线占据主导地位，说明该材料极化现象比较严重。随着反应时间的增大，复合材料的放电比容量先增加后又减小，可能是因为反应时间过短，不利于样品的分散，致使团聚严重，不利于 Li^+ 在晶粒间的扩散；反应时间过长，晶粒尺寸增加，也不利于 Li^+ 在晶粒间的扩散。当反应时间为 9h 时，复合材料电化学性能最好。

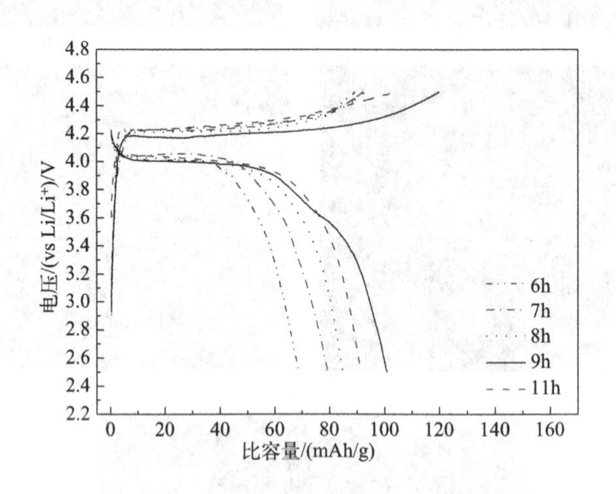

图 6-20　不同反应时间合成 $LiMnPO_4$/C 样品的首次充放电曲线图

将电池在 0.05C 倍率下进行循环性能测试，不同水热反应时间的循环性能如图 6-21(a) 所示。所有反应时间的样品经过 20 周循环后，比容量衰减较小。图 6-21(b) 为合成材料在 0.05C、0.1C、0.5C 和 1C 倍率充放电循环 5 次的倍率性能。水热反应时间 9h 的样品在 0.05C 下放电比容量为 101.0mAh/

g，1C 下放电比容量为 89.9mAh/g。相比而言，6h、7h、8h 和 11h 的初始比容量分别为 68.8mAh/g、79.4mAh/g、85.1mAh/g 和 91.8mAh/g，分别为理论比容量的 40.5%、46.7%、50.0%、54.0%，表明材料中活性物质利用率低，这是由于材料的团聚严重，Li^+ 不能到达团聚颗粒中心部分引起的。如图 6-21(b) 所示，反应时间 9h 样品的倍率性能远远超过其他反应时间的倍率性能。

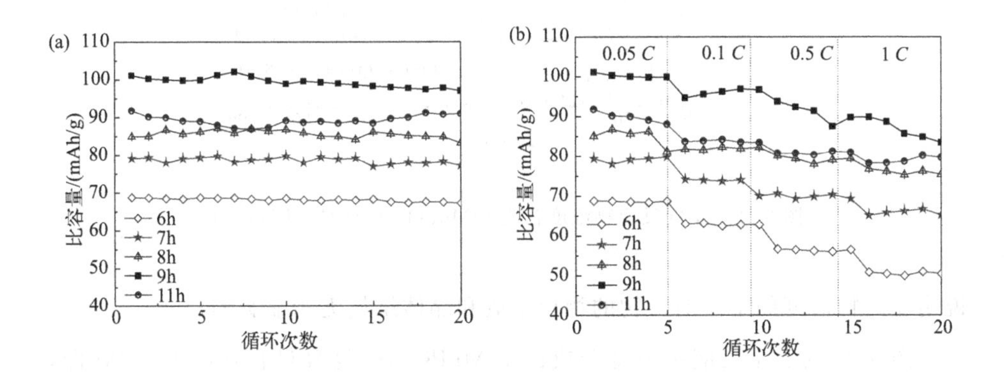

图 6-21　不同反应时间合成 $LiMnPO_4$/C 样品的循环性能 (a) 和倍率性能 (b)

通过不同反应时间的对比研究发现，相对较短反应时间能够减小晶粒尺寸，增加产物晶粒的分散性和均一性，但反应时间过短会导致晶粒的团聚，进而导致材料电化学性能的降低，因此选择 9h 作为水热法制备 $LiMnPO_4$/C 复合材料的反应时间。

6.3.3 反应物浓度对 $LiMnPO_4$/C 的结构与性能的影响

在反应温度为 150℃、醇水体积比为 1∶2、反应时间为 9h 和 550℃煅烧 3h 情况下，研究反应物浓度为 0.9mol/L、1.0mol/L、1.1mol/L、1.2mol/L 和 1.3mol/L 对 $LiMnPO_4$/C 复合材料结构及性能的影响规律。

图 6-22 为不同反应物浓度条件下合成的 $LiMnPO_4$/C 复合材料的 XRD 图谱，从图谱中可以看出，所有样品的主要特征峰都很尖锐，与 JCPDF 标准卡片 (33-0803) 吻合，没有杂质相，同时所有样品的衍射图谱并没有太大差别，

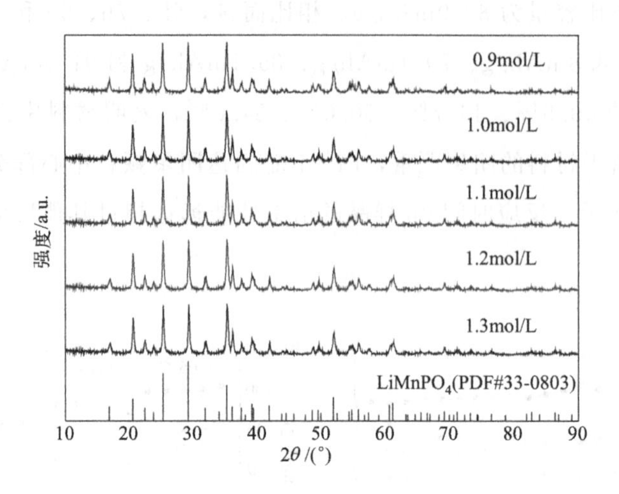

图 6-22　不同反应物浓度合成 $LiMnPO_4$/C 样品 XRD 图谱

说明反应物浓度的不同对产物的物相组成和晶体结构无明显影响。

图 6-23 为五组反应物浓度合成的 $LiMnPO_4$/C 复合材料样品的 SEM 图，由图 6-23 可以看出，样品由几十纳米的小晶粒组成，存在中空结构可能是因为有机碳源 PEG 可以吸附在材料表面而阻止了晶粒团聚长大。反应物浓度为 0.9mol/L、1.0mol/L 和 1.1mol/L 的三组样品出现团聚现象，并且随着反应物浓度的增加，团聚现象也逐渐减轻；当反应物浓度为 1.2mol/L 时，$LiMnPO_4$/C 样品团聚现象消失，同时晶粒的分散性较好，大小均一；当反应物浓度升高到 1.3mol/L 时，$LiMnPO_4$/C 样品晶粒最大。实验说明，随反应物浓度不断增大，单位体积中形核数量增加，此时形核与生长相比占主导地位，导致合成产物粒径不断减小，当反应物浓度继续增大超过一定值时，单位体积中的形核数量不再增加，生长再次成为主导因素，导致产物粒径再次增大。

图 6-24 为不同反应物浓度样品的首次充放电曲线。五组样品中，它们的首次放电比容量相差很大，分别为 71.9mAh/g、79.2mAh/g、87.5mAh/g、106.5mAh/g 和 92.4mAh/g，说明不同反应物浓度对合成材料的电化学性能影响很大。当反应物浓度为 1.2mol/L 时，合成的样品具有明显的足够长的充放电电压平台，显示了该样品的电化学性能可逆性最好。当反应物浓度为

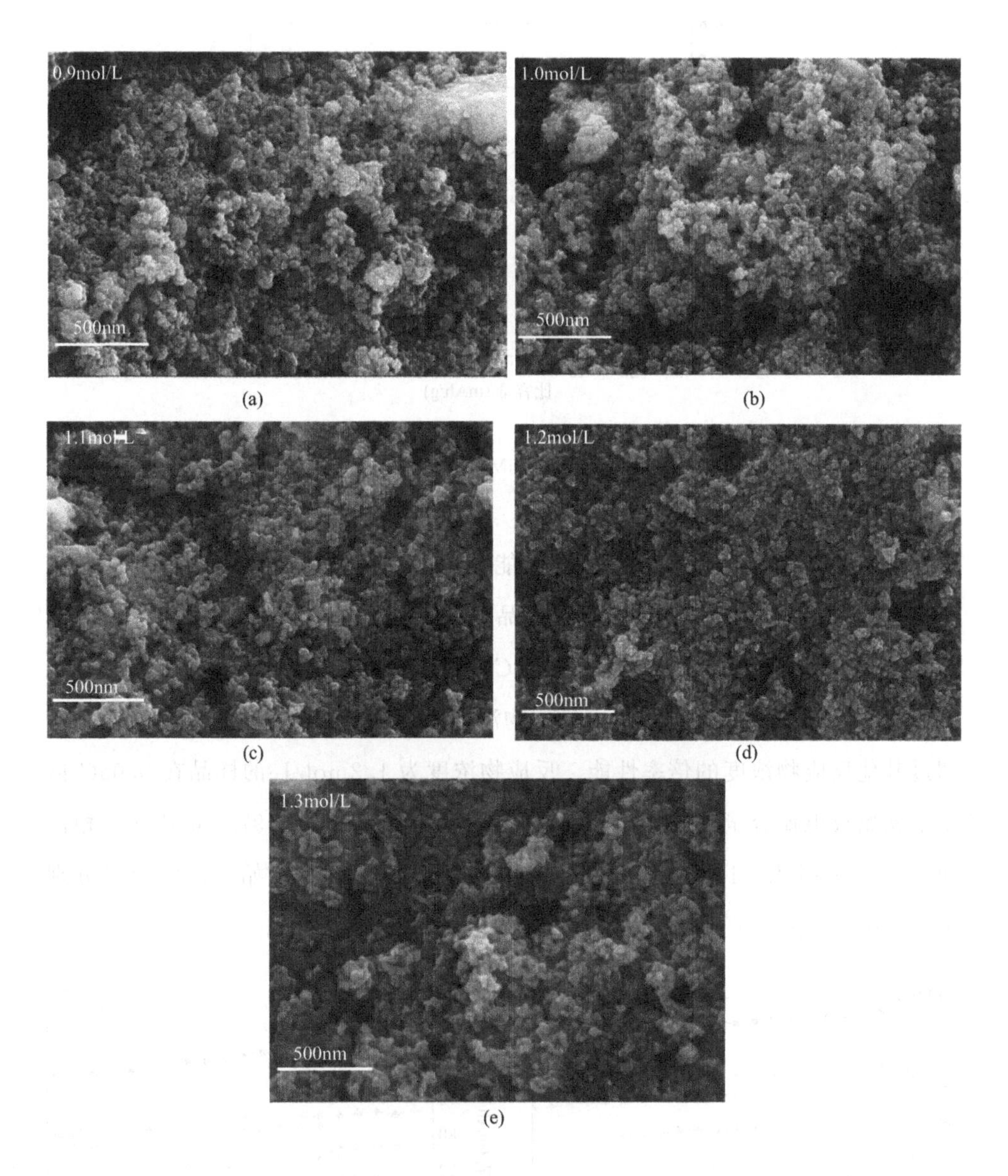

图 6-23　不同反应物浓度下合成的 $LiMnPO_4/C$ 样品 SEM 图

0.9mol/L 时，电压平台很短，充放电曲线中斜线占据主导地位，说明该材料极化比较严重。随着反应物浓度的增大，复合材料的放电比容量先增加后又减小。

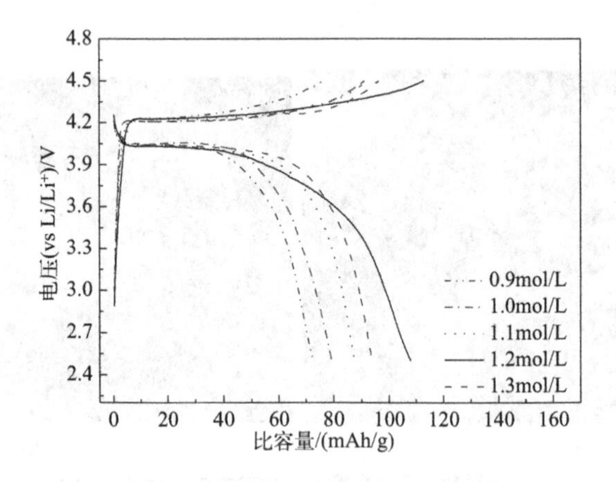

图 6-24 不同反应物浓度合成 $LiMnPO_4$/C 样品首次充放电曲线图

电池在 0.05*C* 倍率下进行循环性能测试，不同反应物浓度合成的样品的循环性能如图 6-25(a) 所示。所有样品经过 20 周循环后，比容量衰减较小。图 6-25(b) 为合成材料在 0.05*C*、0.1*C*、0.5*C* 和 1*C* 倍率充放电循环 5 次的倍率性能。如图 6-25(b) 所示，反应物浓度为 1.2mol/L 样品的倍率性能远远超过其他反应物浓度的倍率性能。反应物浓度为 1.2mol/L 的样品在 0.05*C* 倍率下初始放电比容量为 106.5mAh/g，1*C* 下放电比容量为 97.9mAh/g。相比而言，0.9mol/L、1.0mol/L、1.1mol/L 和 1.3mol/L 的初始放电比容量分别为 71.9mAh/g、79.2mAh/g、87.5mAh/g 和 92.4mAh/g。

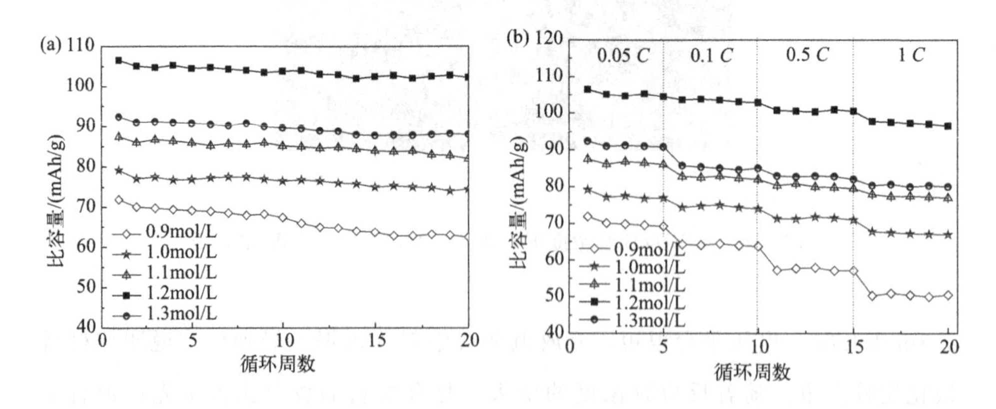

图 6-25 不同反应物浓度合成 $LiMnPO_4$/C 样品的循环性能（a）和倍率性能（b）

通过反应物浓度的对比研究发现，在反应物浓度为 1.2mol/L 时 $LiMnPO_4$ 样品晶粒的均一性最好，粒径相比其他浓度最小且分散性较好，有利于 $LiMnPO_4$ 材料后期电化学性能的更好发挥，故认为反应物浓度为 1.2mol/L 为相对适合的水热法制备 $LiMnPO_4$/C 复合材料的反应物浓度。

6.3.4 醇水体积比对 $LiMnPO_4$/C 的结构与性能的影响

在反应温度为 150℃、反应时间为 9h、反应物浓度为 1.2mol/L 和 550℃ 煅烧 3h 的条件下，研究醇水体积比为 1∶1.5、1∶2.0、1∶2.5、1∶3.0、1∶3.5 和空白（未加入 PEG）对 $LiMnPO_4$/C 复合材料的结构及性能的影响规律。

图 6-26 为不同醇水体积比条件下合成的 $LiMnPO_4$/C 复合材料的 XRD 图谱，从图谱中可以看出，所有样品的主要特征峰都很尖锐，与 JCPDF 标准卡片（33-0803）吻合，没有杂质相。主要特征峰的位置发生了变化，这可能是由于在合成过程中受到聚乙二醇 400 的影响，某些位置的衍射峰得到加强。同时所有样品的衍射图谱并没有太大差别，说明醇水比例的不同对产物的物相组成无明显影响。

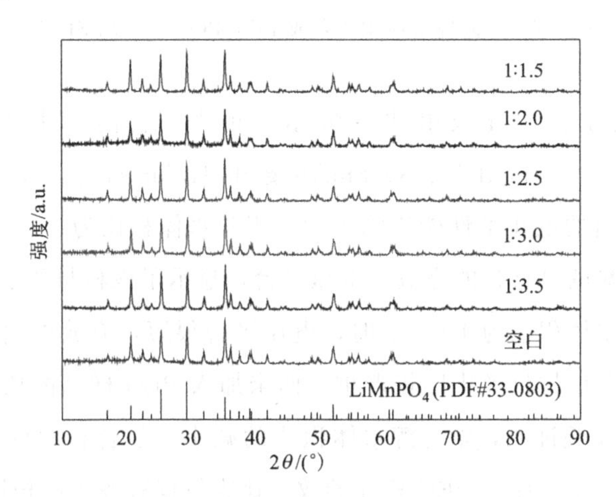

图 6-26　不同醇水体积比合成 $LiMnPO_4$/C 样品的 XRD 图谱

不同醇水体积比合成的 $LiMnPO_4/C$ 复合材料的形貌如图 6-27 所示，五组加入不同体积 PEG 的样品均由几十纳米的小晶粒组成，且随着醇水体积比的降低，晶粒尺寸逐渐增大，这是由于在水热过程中，PEG 通过包覆于晶粒表面产生的空间位阻效应可以防止晶粒间团聚并能有效抑制晶粒进一步长大。未加入 PEG 的 $LiMnPO_4$ 样品是由形貌不规则且大小不一的晶粒组成的。

图 6-27　不同醇水体积比合成 $LiMnPO_4/C$ 样品 SEM 图

图 6-28 所示首次充放电比容量相差很大，它们分别为 92.4mAh/g、113.7mAh/g、101.2mAh/g、89.8mAh/g 和 81.5mAh/g，说明不同醇水体积比对合成材料的电化学性能影响很大。当醇水体积比为 1∶2 时，合成的复合材料具有明显的足够长的充放电电压平台，显示了该材料的电化学性能可逆性最好。当醇水体积比为 1∶3.5 时，电压平台很短，充放电曲线中斜线占据主导地位，说明该材料极化比较严重。而未加入 PEG 样品的放电比容量仅有 41.7mAh/g。实验证明，随着醇水体积比的减小，复合材料的放电比容量先增加后又减小，而未加入 PEG 样品的放电比容量仅有醇水体积比为 1∶2.0 的 36.7%。这是因为 PEG 是一种非离子型表面活性剂，能够在反应过程中吸附在晶粒表面，增大晶粒与反应粒子之间所接触的空间位阻，有效抑制晶粒的进

一步长大；同时降低了晶粒的表面吉布斯自由能，防止晶粒的团聚。随着醇水体积比的减小，空间位阻和表面吉布斯自由能逐渐升高，晶粒粒径逐渐增加，Li^+ 扩散路径加长，致使电化学性能随之降低。

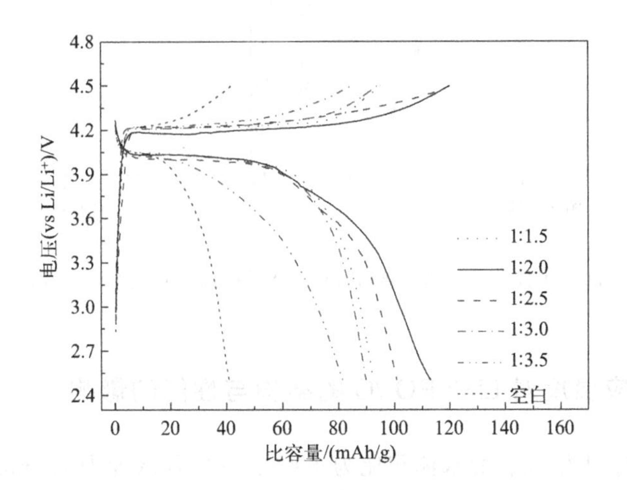

图 6-28　不同醇水体积比合成 $LiMnPO_4$/C 样品的首次充放电曲线

电池在 0.05C 倍率下进行循环性能测试，不同醇水体积比的循环性能如图 6-29(a) 所示。所有加入 PEG 的 $LiMnPO_4$ 样品经过 20 次循环后，比容量衰减较小，未加入 PEG 的 $LiMnPO_4$ 样品衰减最大。图 6-29(b) 为合成材料在 0.05C、0.1C、0.5C 和 1C 倍率下充放电循环 5 次的倍率性能。如图 6-29(b) 所示，醇水体积比为 1∶2 的样品倍率性能远远超过其他不同醇水体积比的倍率性能。醇水体积比为 1∶2 的样品在 0.05C 下放电比容量为 113.7mAh/g，1C 下放电比容量为 106.3mAh/g，而未加入 PEG 的 $LiMnPO_4$ 样品在 0.05C 下放电比容量仅为 41.7mAh/g，1C 倍率下几乎没有放电比容量。

通过不同醇水体积比的对比研究发现，在醇水体积比为 1∶2 时产物均一性最好，粒径相比其他样品最小且分散性较好，有利于 $LiMnPO_4$ 材料后期电化学性能的更好发挥，故认为醇水体积比为 1∶2 为相对适合的水热法制备 $LiMnPO_4$/C 复合材料的醇水体积比。

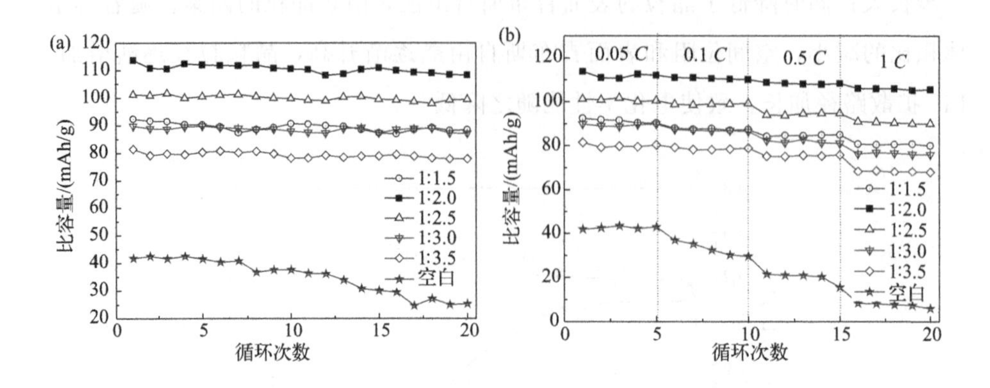

图 6-29 不同醇水体积比合成 $LiMnPO_4$/C 样品的循环性能（a）和倍率性能（b）

6.3.5 反应温度对 $LiMnPO_4$/C 的结构与性能的影响

在反应时间为 9h、醇水体积比为 1∶2、反应物浓度为 1.2mol/L 及 550℃ 煅烧 3h 条件下，研究水热反应温度为 130℃、140℃、150℃、160℃和 190℃对 $LiMnPO_4$/C 复合材料的结构及性能的影响规律。

图 6-30 为不同水热反应温度下合成的 $LiMnPO_4$/C 复合材料的 XRD 图

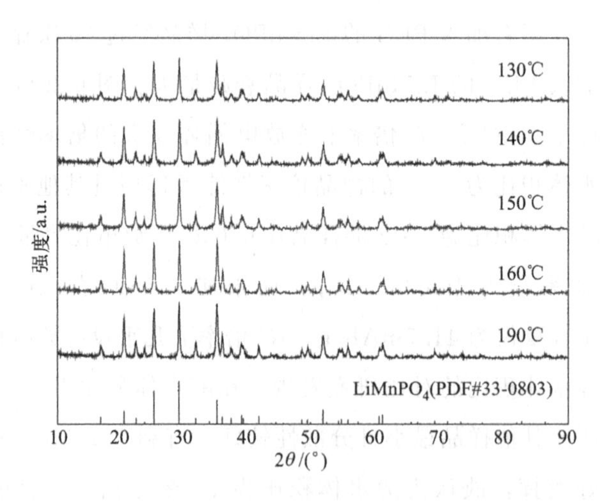

图 6-30 不同反应温度合成 $LiMnPO_4$/C 样品的 XRD 图谱

谱，从图谱中可以看出，所有样品的主要特征峰都与 JCPDF 标准卡片（33-0803）吻合，没有杂质相。对比五组不同反应温度下合成的样品的 XRD 图谱发现，随着反应温度的升高，样品的特征峰强度逐渐增加，在相同的条件下，较低水热反应温度下合成样品的结晶性较差。对比五组样品的晶胞参数发现 160℃合成的样品更接近标准值。

图 6-31 为 $LiMnPO_4/C$ 复合材料五组样品的 SEM 图，由图 6-31 可以看出，五组反应温度样品形貌没有较大差异，由几十纳米的小晶粒组成。160℃合成的产物形貌与均一性较好，优于其他温度的合成产物。Li_3PO_4 在室温下的溶解度为 0.034g（100g H_2O）。

Li_3PO_4 与 $MnSO_4 \cdot H_2O$ 的反应为液固反应，是 Li_3PO_4 不断溶解于液相，$LiMnPO_4$ 自液相不断成核、生长的过程。反应温度低，反应过程中 Li_3PO_4 溶解慢，$LiMnPO_4$ 成核速率小，体系中由于成核过程消耗的溶质少，生长过程提供的溶质相对增多，$LiMnPO_4$ 晶核生长速率相对增大，引起晶粒长大；随着反应温度的升高，Li_3PO_4 的溶解速率加快，$LiMnPO_4$ 成核速率大大提高，由于成核过程溶质大量消耗，晶核生长过程所提供的溶质相对减少，$LiMnPO_4$ 晶核生长速率相对减小，使最终产物晶粒粒度减小。所以，以 Li_3PO_4 为原料水热法制备 $LiMnPO_4$ 时，升高反应温度有利于得到粒径小的 $LiMnPO_4$。

图 6-32 为不同反应温度下合成的 $LiMnPO_4/C$ 复合材料的首次充放电曲线，从图中可以看出，所有样品均在 4.1V 左右出现电压平台，对应于 Mn^{3+}/Mn^{2+} 的氧化还原过程。五组材料中，它们的首次放电比容量相差很大，分别为 85.2mAh/g、93.8mAh/g、118.8mAh/g、123.7mAh/g 和 108.5mAh/g，说明不同反应温度对合成材料的电化学性能影响较大。当反应温度为 160℃时，充放电电压差是最小的，显示了该材料的电化学性能可逆性最好。当反应温度为 130℃时，电压平台很短，充放电曲线中斜线占据主导地位，说明该材料极化现象比较严重。随着反应温度的升高，复合材料的放电比容量先增加后又减小，可能是因为反应温度过低，不利于样品的结晶，致使团聚严重，不利于 Li^+ 在晶粒间的扩散；反应温度过高，晶粒尺寸增加，也不利于 Li^+ 在晶粒

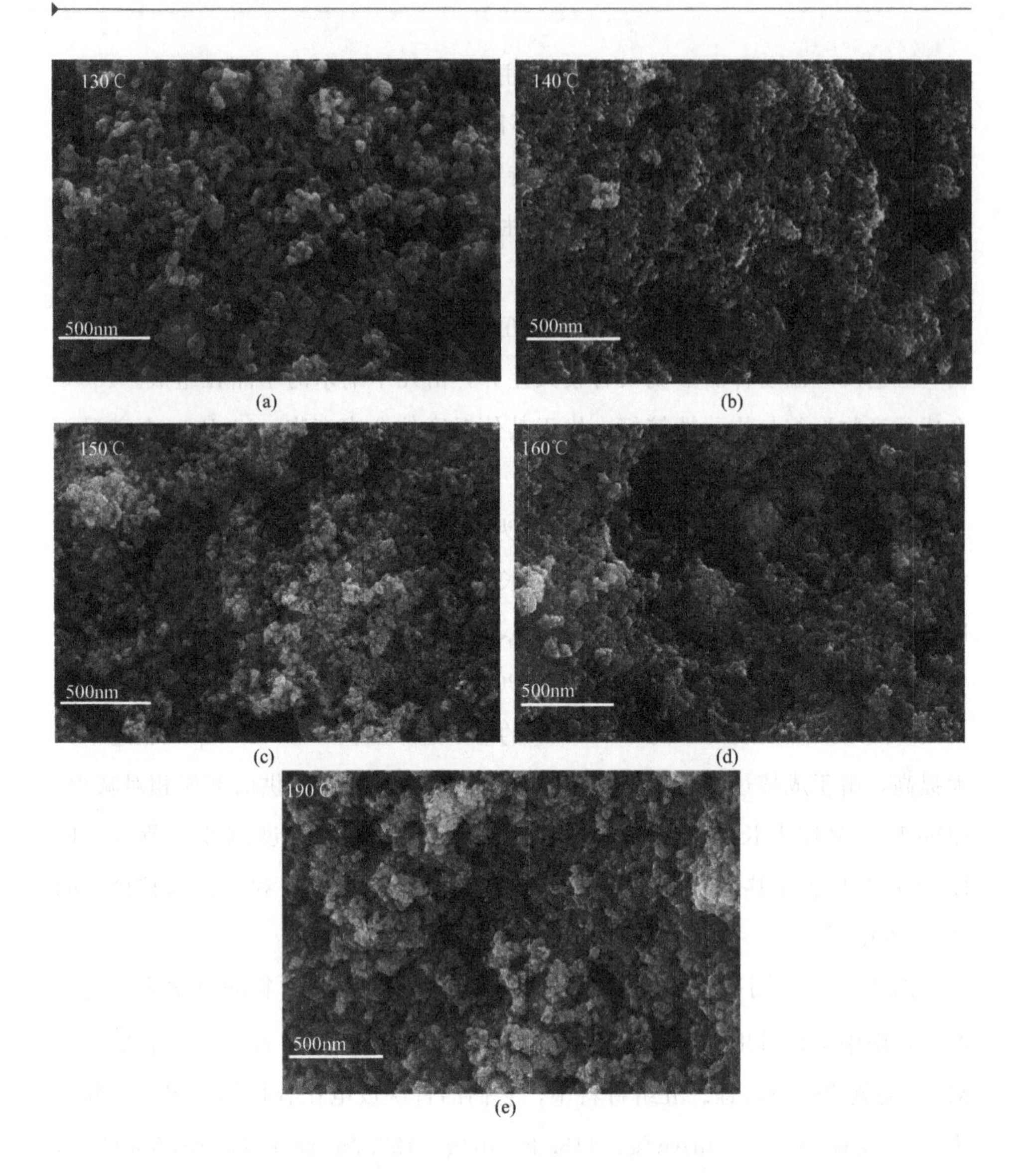

图 6-31　不同反应温度下合成 $LiMnPO_4/C$ 的 SEM 图

间的扩散。当反应温度为 160℃时，复合材料电化学性能最好。

电池在 0.05C 倍率下进行循环性能测试，不同反应温度合成样品的循环性能如图 6-33(a) 所示。所有反应温度合成的样品经过 20 次循环后，比容量衰减较小。图 6-33(b) 为合成材料在 0.05C、0.1C、0.5C 和 1C 倍率下充放

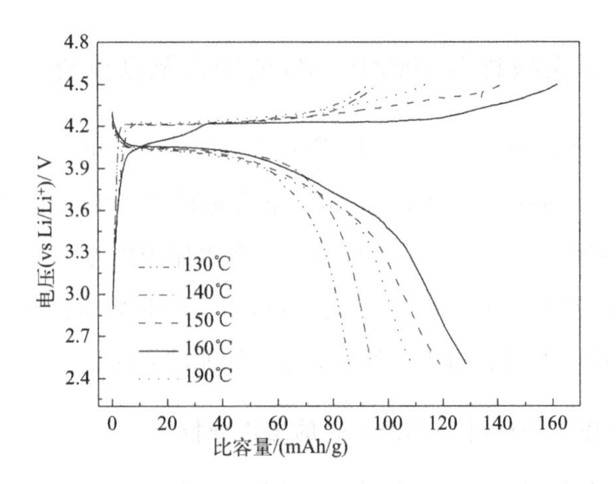

图 6-32　不同反应温度合成 $LiMnPO_4$/C 样品的首次充放电曲线图

电循环 5 次的倍率性能。如图 6-33(b) 所示，水热反应温度为 160℃的样品倍率性能远远超过其他反应温度的倍率性能，在 0.05*C* 下放电比容量为 123.7mAh/g，1*C* 下放电比容量为 116.8mAh/g。

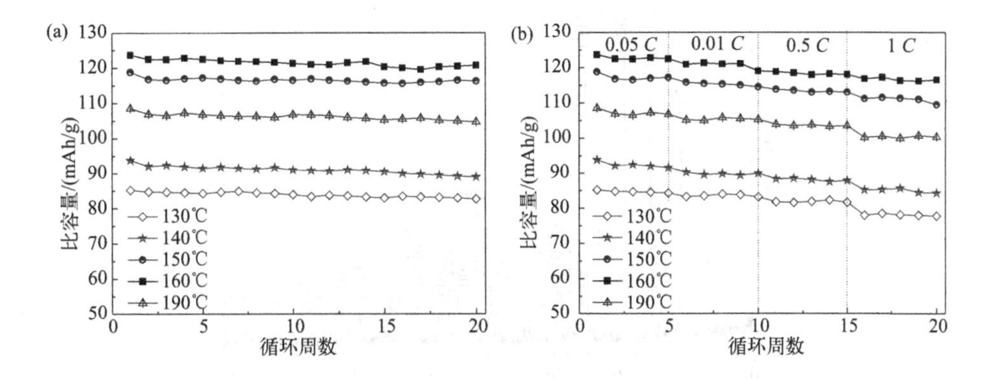

图 6-33　不同反应温度合成 $LiMnPO_4$/C 样品的循环性能（a）和倍率性能（b）

通过水热反应温度的对比研究发现，在反应温度为 160℃时产物均一性较好，晶粒分散性较好，有利于 $LiMnPO_4$ 材料后期电化学性能的更好发挥，故认为反应温度为 160℃为相对适合的水热法制备 $LiMnPO_4$/C 复合材料的反应温度。

6.3.6 高电压正极材料 $LiMnPO_4/C$ 的物相及性能研究

在沉淀反应温度为 50℃、H_3PO_4 浓度为 1.7mol/L、LiOH 浓度为 2.0mol/L 和酸入碱速度为 3.3mL/min 下合成的 Li_3PO_4 为高电压正极材料 $LiMnPO_4/C$ 的锂源；水热反应时间为 9h、醇水体积比为 1∶2、反应物浓度为 1.2mol/L 和反应温度为 160℃，经过 550℃煅烧 3h 后得到最终 $LiMnPO_4/C$ 样品，进行结构、形貌、物化参数和电化学性能的表征。

6.3.6.1 高电压正极材料 $LiMnPO_4/C$ 的结构分析

图 6-34 为 $LiMnPO_4/C$ 复合材料的 XRD 图谱。如图所示，样品的所有衍射峰图形均表现出橄榄石结构，正交晶系，Pnma 空间群，样品有较强的衍射峰，表明结晶度良好，且图中未观察到 Li_3PO_4 等的衍射峰，说明形成了纯相的高电压正极材料 $LiMnPO_4/C$。

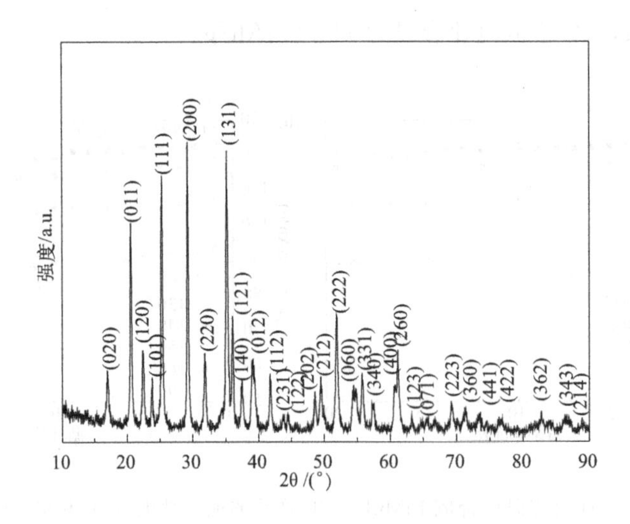

图 6-34 $LiMnPO_4/C$ 的 XRD 图谱

6.3.6.2 高电压正极材料 $LiMnPO_4/C$ 的形貌和物化参数

图 6-35 为 $LiMnPO_4/C$ 的 SEM 图，如图所示，样品为 40～60nm 的一次

粒子团聚而成的微米级二次粒子。一次粒子之间存在孔隙，有利于电解液的浸润，纳米级一次粒子的 Li^+ 扩散路径短，有助于提高材料的循环性能和倍率性能，而微米级的二次晶粒，能使材料具有更高的振实密度、更好的流动性和分散性，有利于电极加工。图 6-36 为 $LiMnPO_4$/C 的 TEM 图，通过观察再次验证样品的一次晶粒为 40～60nm，通过图 6-36(b) 可以看到明显的晶格条纹，晶格间距为 0.44nm，对应正交晶系的 (200) 晶面，与 XRD 分析结果一致。

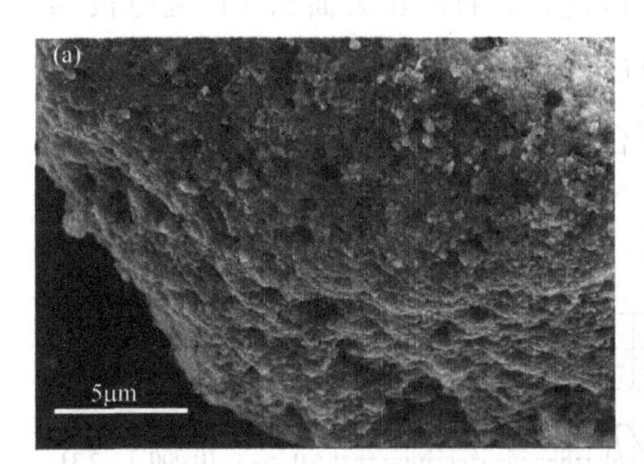

图 6-35　$LiMnPO_4$/C 的 SEM 图

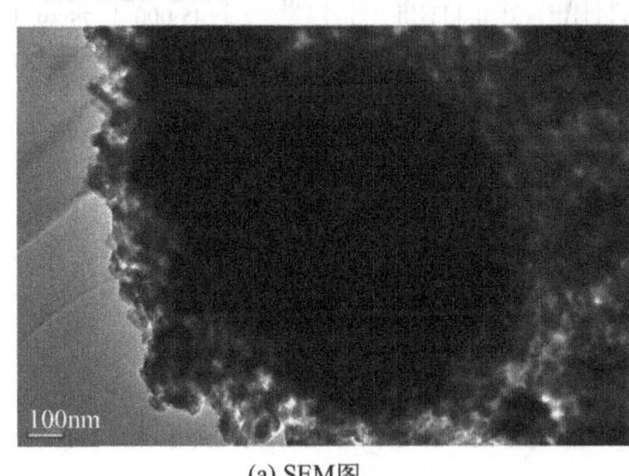

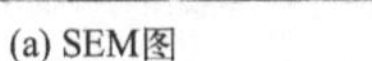

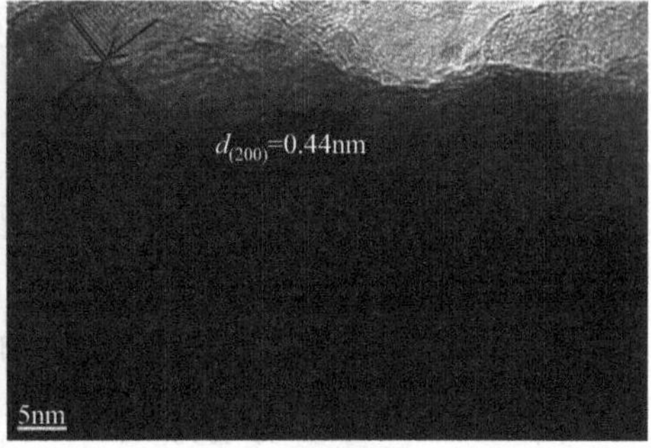

(b) TEM图

图 6-36　$LiMnPO_4$/C 的 SEM 和 TEM 图

图 6-37 为合成的 $LiMnPO_4$/C 的粒度分布图。煅烧后样品粒径为 $D_{10}=15.7\mu m$，$D_{50}=34.95\mu m$，$D_{90}=59.01\mu m$，晶粒分布呈正态分布，从粒度分布图中看出有一小部分的小晶粒存在，可能是由于水热反应时一部分小晶粒还

没有团聚成大晶粒，反应就结束了，而少量小晶粒的存在对后期电极加工性能是有利的，通过小晶粒的填充极片孔隙能够得到更高的压实密度。另外，电池中的电极反应首先是发生在电极表面与电解液界面上的，而电极/电解液界面的性质，决定着电极材料释放出容量的能力。从动力学角度来看，电极的表面积应尽可能大些来降低电极的极化，从而提高电池的倍率性能。但是，电极表面积太大则会增大电极与电解液之间的接触面积，能够加剧电解液在电极表面的副反应，导致电池的循环性能下降。因此，材料的比表面积在研究电极/电解液界面时，是一个很重要的参数。经过测试，合成的 $LiMnPO_4/C$ 材料比表面积是 $6.339m^2/g$，表明此工艺条件下合成具有比表面积适中的高电压正极材料 $LiMnPO_4/C$。

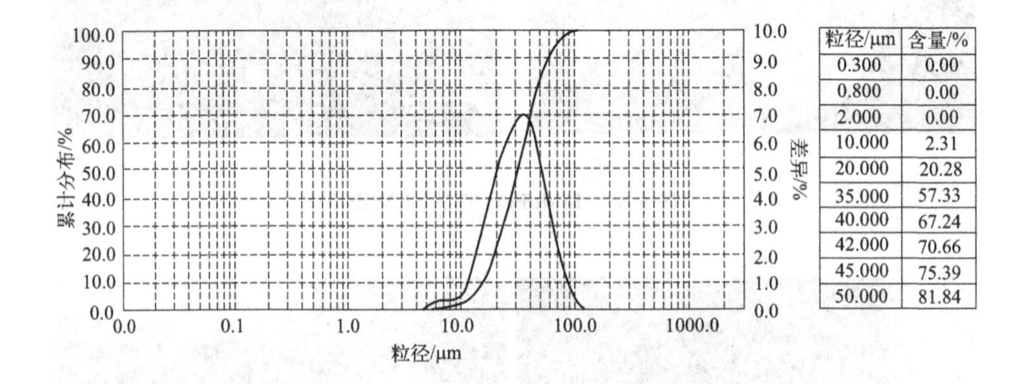

粒径/μm	含量/%
0.300	0.00
0.800	0.00
2.000	0.00
10.000	2.31
20.000	20.28
35.000	57.33
40.000	67.24
42.000	70.66
45.000	75.39
50.000	81.84

图 6-37 $LiMnPO_4/C$ 的粒度分布图

6.3.6.3 高电压正极材料 $LiMnPO_4/C$ 的电化学性能

图 6-38(a)～(d) 分别为 $LiMnPO_4/C$ 正极材料的首次充放电曲线、循环伏安曲线、循环性能和倍率性能。扣式电池组装完成后，为了保证电解液能够与正极材料充分浸润，静置 10h，将电池在 2.5～4.5V 电压范围内，以 0.05C 倍率下进行首次充放电。由图 6-38(a) 可知，首次放电比容量为 123.7mAh/g，本实验制备的高电压正极材料 $LiMnPO_4/C$ 充电曲线由一个 4.1V 平台组成。图 6-38(b) 为合成材料前 3 次的循环伏安曲线，首次循环伏安曲线在

3.91V 和 4.37V 出现了一对氧化还原峰，对应 Mn^{3+}/Mn^{2+} 氧化还原电对，氧化还原峰良好的对称性表明材料充放电过程中具有很好的可逆性。第 2 次和第 3 次的电位差逐渐增加，可逆性降低。这与充放电测试结论是一致的，而从充放电曲线看出，每次循环都有部分容量损失，对应循环伏安曲线中峰形的变化和峰电流减小。

图 6-38(c) 显示了材料在 0.05C 倍率下的循环性能，该材料经 100 次循环后，比容量略有下降。图 6-38(d) 为合成材料的倍率性能，分别在 0.05C、0.1C、0.5C、1C 倍率下充放电循环 5 次。如图 6-38(d) 所示，该材料表现出优越的倍率性能，在 0.05C、0.1C、0.5C 和 1C 倍率下的放电比容量分别为 123.7mAh/g、116.9mAh/g、113.0mAh/g、105.8mAh/g。

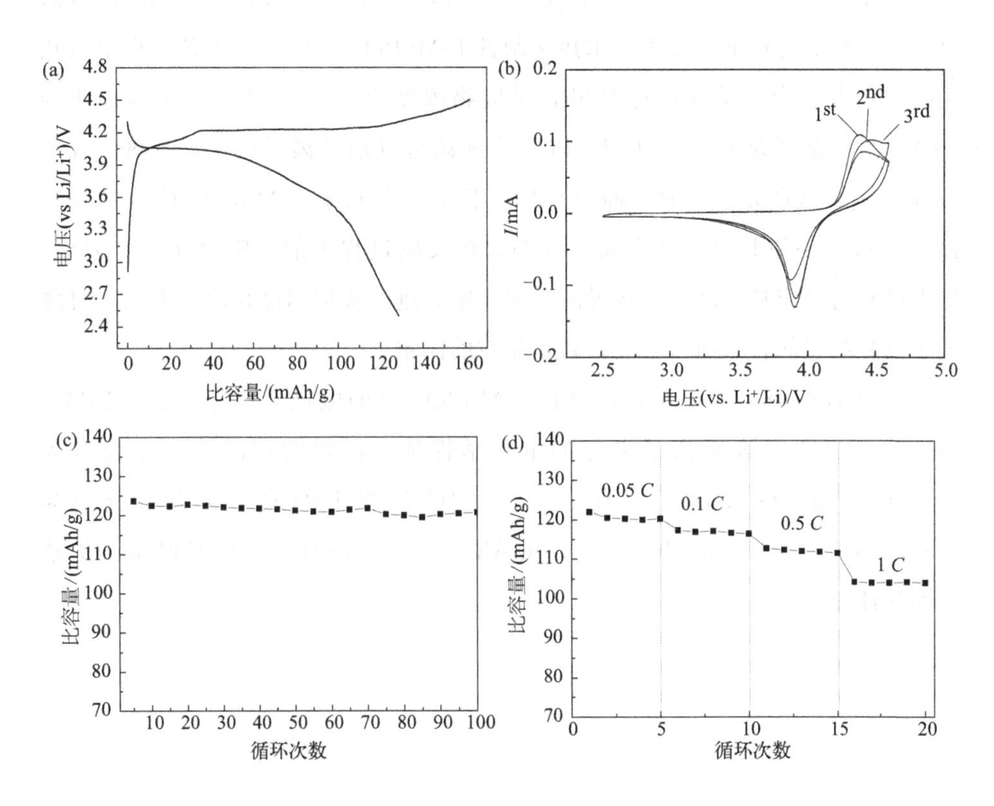

图 6-38　$LiMnPO_4$/C 的电化学性能

6.4 小结

本章以沉淀法合成的 Li_3PO_4 为锂源、$MnSO_4 \cdot H_2O$ 为锰源、聚乙二醇（PEG）作为有机碳源，采用水热法合成了高电压正极材料 $LiMnPO_4/C$。通过实验，得出以下结论：

① 以 $LiOH \cdot H_2O$ 和 H_3PO_4 为原料，以晶粒尺寸为标准，探索了沉淀法制备 Li_3PO_4 的合成工艺并得出合成 Li_3PO_4 的优化水平为：H_3PO_4 浓度为 1.7mol/L，酸入碱速度为 3.3mL/min，LiOH 浓度为 2.0mol/L，反应温度为 50℃；制备得到晶粒尺寸在 200nm 左右，具有空心球形形貌的 Li_3PO_4。

② 以 Li_3PO_4 和 $MnSO_4 \cdot H_2O$ 为原料，聚乙二醇（PEG）为有机碳源，以充放电性能为标准，探索了水热法制备 $LiMnPO_4/C$ 的合成工艺，得出水热法的优化水平为：反应时间为 9h，反应物浓度为 1.2mol/L，醇水体积比为 1∶2，反应温度为 160℃。以 Li_3PO_4 为锂源可以通过离子交换、水热法合成 $LiMnPO_4$，这种方法有助于抑制晶粒的长大，有利于 $LiMnPO_4/C$ 容量的发挥。PEG 是一种非离子型表面活性剂，在反应过程中能够吸附在颗粒表面，增大晶粒与反应粒子之间所接触的空间位阻，进一步抑制晶粒的长大；同时降低了晶粒的表面吉布斯自由能，防止晶粒的团聚。

③ 全面研究了高电压正极材料 $LiMnPO_4/C$ 的电化学性能，发现 $LiMnPO_4/C$ 正极材料表现出了良好的电化学性能，材料的首次放电比容量为 123.7mAh/g，在 0.05C、0.1C、0.5C、1C 倍率下的放电比容量分别为 123.7mAh/g、116.9mAh/g、113.0mAh/g、105.8mAh/g，同时保持了优越的循环性能。

第 7 章 离子液体热合成法合成聚阴离子型 $LiFePO_4$ 正极材料

7.1 引言

与传统的有机溶剂相比，离子液体具有许多独特的性质，如：①液态温度范围宽，从低于或接近室温到 300℃以上，且具有良好的物理和化学稳定性，但 $AlCl_3$ 型离子液体稳定性较差，且不可遇水和空气；非 $AlCl_3$ 型离子液体如[emim] BF_4 到 300℃、[emim] NTf_2 可以到 400℃仍为稳定的液体，对水和空气稳定；相比之下水只到 100℃。②蒸气压低，不易挥发，在使用、储藏中不会蒸发散失，可以循环使用，而不污染环境。③对很多无机和有机物质都表现出良好的溶解能力，且有些具有介质和催化双重功能。④具有较大的极性可调性，可以形成两相或多相体系，适合作分离溶剂或构成反应分离耦合体系。⑤电化学稳定性高，具有较高的电导率和较宽的电化学窗口，可达 3～5V，可以用作电化学反应介质或电池溶液。

室温离子液体在环境、化工、生物等领域得到越来越广泛的应用，近年来对离子液体的研究多集中于化学反应和分离过程，而离子液体物理性质的研究是其应用于反应、分离和电化学等工业过程的前提，是相关工业设计和开发的重要基础，同时，离子液体物理化学性质的研究也为离子液体结构的研究以及新型及功能化的离子液体的设计提供了基础，可以说离子液体的物性研究是离子液体研究中最基本的研究课题。低共熔混合物（deep eutectic solvents,

DES)，是两种或两种以上物质形成的熔点比其中任一组分都低的混合物，通常由季铵盐和有机物复配而成，有机物包括酸、醇、醚等，具有类似于离子液体的物化性能。以尿素和氯化胆碱为例，尿素的熔点为128℃，氯化胆碱熔点为300.8℃，两者以2∶1（摩尔比）复配形成的混合物熔点为12.8℃。本章详细叙述了尿素/四甲基氯化铵体系和季戊四醇/氯化胆碱体系中 $LiFePO_4$ 的可控合成。

7.2 尿素/四甲基氯化铵体系中 $LiFePO_4$ 的合成

先将尿素/四甲基氯化铵以2∶1的比例混合，获得低共熔混合物。然后将 Li_2CO_3、$FeC_2O_4 \cdot 2H_2O$、$NH_4H_2PO_4$ 以及制备的低共熔混合物依次加入到内衬聚四氟乙烯的不锈钢反应釜中。密封后将反应釜放入均相反应器中以转速10～30r/min，在180～220℃晶化反应4～6天。所述的反应原料摩尔比为 Li_2CO_3∶$FeC_2O_4 \cdot 2H_2O$∶$NH_4H_2PO_4$∶DES=0.5∶1∶1∶(10～14)，即按照所设计的正交实验表完成实验。反应完成后将反应釜取出，冷却至室温，取出晶化产物。用酒精和去离子水进行洗涤，过滤、干燥后即得到淡绿色粉体。

磷酸铁锂合成过程中影响其性能的因素很多，以下固定原料中 $LiFePO_4$ 锂铁磷比例为1∶1∶1，考察反应时间（A）、反应温度（B）、$n(LiFePO_4)$∶n(DES) 摩尔比（C，以下简称比例）和转速（D）这四个因素，每个因素设定三个水平，四因素三水平的选取主要根据前期实验及文献资料。正交实验因素、水平编码见表7-1。

表7-1 因素水平编码

水平编码	因素			
	A	B	C	D
	反应时间/d	反应温度/℃	比例	转速/(r/min)
1	4	180	1∶10	10
2	4	200	1∶12	20
3	4	220	1∶14	30

根据因素及水平数，选择 L9(4^3) 正交表来安排实验，以 0.1*C* 充放电倍率下的放电比容量作为主要考察量，放电比容量越大越好。用极差分析法得到的结果见表 7-2。

表 7-2　尿素/四甲基氯化铵体系 L9(4^3) 正交实验结果分析

实验号		因素				0.1*C* 平均放电比容量/(mAh/g)
		反应时间/d	反应温度/℃	比例	转速/(r/min)	
1		4	180	1∶10	10	43.57
2		4	200	1∶12	20	57.765
3		4	220	1∶14	30	82.56
4		5	180	1∶12	30	30.92
5		5	200	1∶14	10	40.485
6		5	220	1∶10	20	69.595
7		6	180	1∶14	20	64.615
8		6	200	1∶10	30	50.75
9		6	220	1∶12	10	57.285
因素均值	K1	61.298	46.368	54.638	47.113	
	K2	47	49.667	48.657	63.992	
	K3	57.55	69.813	62.553	54.743	
极差 *R*		14.298	23.445	13.896	16.879	
主次顺序		反应温度＞转速＞反应时间＞比例				
优化水平		4	220	1∶14	20	

由表 7-2 中得到的极差数值及图 7-1 中各因素的极差比较，可以看出此反应体系中，改变反应温度对放电比容量的改变最明显，其次是转速，再次是反应时间，最后是比例，即 B＞D＞A＞C。同时也确定了本实验体系的优化水平：A1B3C3D2，即反应时间为 4d，反应温度为 220℃，比例为 1∶14，转速为 20r/min。

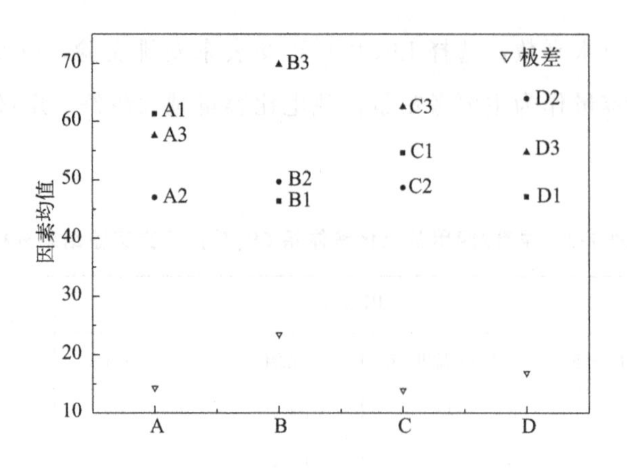

图 7-1　正交实验样品极差比较

7.2.1　尿素/四甲基氯化铵体系中 $LiFePO_4$ 的物化表征

图 7-2 展示的是在不同温度下制备的 $LiFePO_4$ 样品的 XRD 衍射图谱，与正交橄榄石晶型 $LiFePO_4$ 标准衍射峰（JCPDS 标准卡片号 40-1499）一一对应，属空间点群 pnma。且 180～220℃制备的样品，背底平整，均没有出现其他杂峰。随着温度的升高，XRD 衍射峰峰型逐渐变得尖锐，半峰宽变窄，说明晶体生长逐渐完全，晶体中存在的缺陷逐渐减少，结晶度不断提高。

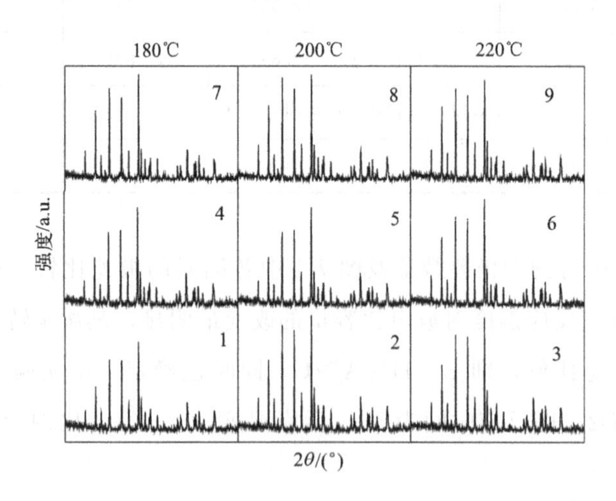

图 7-2　不同温度下制备的 $LiFePO_4$ 样品的 XRD 衍射图谱（样品号与实验号一一对应）

表 7-3 给出了通过软件 jade. 5 分析三种温度下制备的磷酸铁锂 XRD 数据得到的晶胞参数。180～220℃制备的样品，随着温度的升高，a 值不断增大，b 值先减小后增大，c 值一直减小，c/a 一直减小且恰好等于理论值，晶胞体积先减小后增大，更接近理论值。磷酸铁锂衍射峰（111）/(131）强度比值通常用来描述材料中阳离子的混编程度，比值越高，混编率越小，预示材料的电化学性能越好。根据表 7-3，可以确定在 220℃下合成的磷酸铁锂的（111）/（131）峰强比值比其他温度下合成的磷酸铁锂峰强比值高，预示在三种温度中，220℃下合成的磷酸铁锂将会有更好的电化学性能。

表 7-3　$LiFePO_4$ 样品的晶格参数

T/℃	a/Å	b/Å	c/Å	c/a	V/Å^3	I(111)/I(131)
180	6.0032	10.2788	4.6944	0.7820	289.67	68.82
200	6.0043	10.2754	4.6941	0.7818	289.61	78.10
220	6.0047	10.2896	4.6922	0.7814	289.91	87.50
理论值	6.0198	10.347	4.7039	0.7814	292.99	

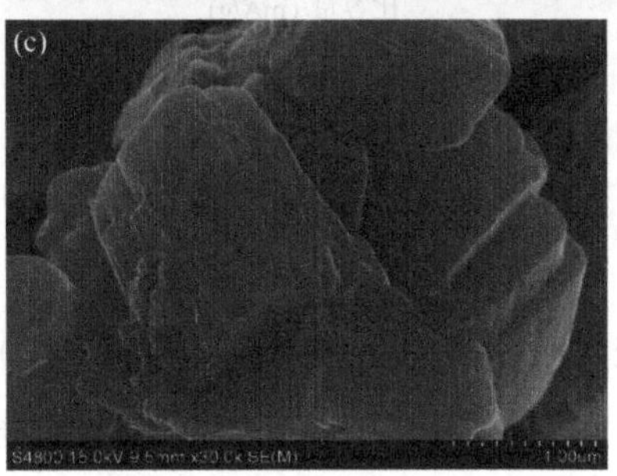

图 7-3　不同反应温度下所得样品的 SEM 图

(a) 180℃；(b) 200℃；(c) 220℃

图 7-3 为 180～220℃反应条件下样品的 SEM 图。从图中可见，随着反应温度的升高，样品晶粒大小迅速增大，且有突变现象。180℃时，晶粒呈现块状，且晶粒大小不一。200℃时，晶粒迅速长大，晶粒尺寸逐渐均匀，但分散混乱。220℃时，晶粒尺寸又大了许多，且大晶粒是由薄厚均一的块状晶粒层层堆积而成的。

7.2.2 尿素/四甲基氯化铵体系中 $LiFePO_4$ 的电化学性能表征

图 7-4 为样品在 0.1*C* 倍率下的充放电曲线图，样品 3 和样品 6 为 220℃条件下制备的样品。以 0.1*C* 的放电倍率，在 2.5～4.2V 区间的首次放电比容量分别为 67.9mAh/g、66.6mAh/g。其中放电电压分别为 3.3258V、3.3341V，低于文献报道的纯磷酸铁锂的放电电压 3.45V，说明材料在充放电过程中存在一定的极化。

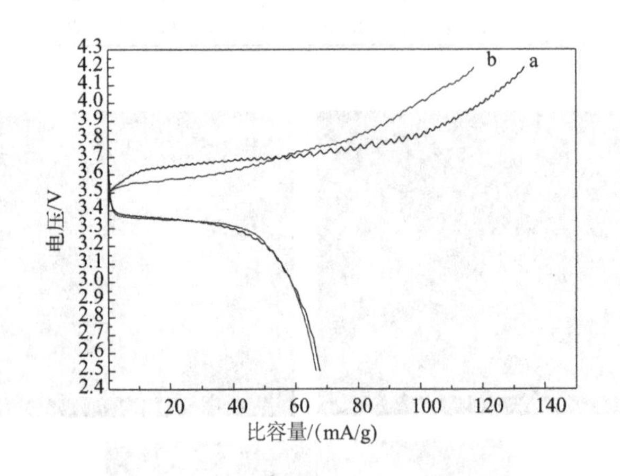

图 7-4 样品在 0.1*C* 倍率下的充放电曲线图（a：样品 3，b：样品 6）

图 7-5 为 9 个正交实验样品在室温 0.1*C*、0.2*C*、0.5*C*、1*C*、2*C*、5*C* 倍率下的放电比容量图。样品 3 在 0.1*C* 倍率下循环充放电，经过 20 次循环，容量保持率为 138.7%。在 0.2*C* 倍率下循环充放电，经过 10 次循环，容量保持率为 109.9%。在 0.5*C* 倍率下为 100.1%，在 1*C* 倍率下为 100%，在 2*C* 倍

率下为100.95%，在5*C*倍率下为91.87%。其在0.1*C*、0.2*C*、0.5*C*、1*C*、2*C*、5*C*倍率下的平均放电比容量分别为82.56mAh/g、81.97mAh/g、73.4mAh/g、62.21mAh/g、53.02mAh/g、39.74mAh/g。

样品6在0.1*C*倍率下循环充放电，经过20次循环，容量保持率为115.2%。在0.2*C*倍率下循环充放电，经过10次循环，容量保持率为93.74%。在0.5*C*倍率下循环充放电，经过10次循环，容量保持率为109.84%。在1*C*倍率下为99.81%，在2*C*倍率下为95.63%，在5*C*倍率下为94.84%。其在0.1*C*、0.2*C*、0.5*C*、1*C*、2*C*、5*C*倍率下的平均放电比容量分别为69.595mAh/g、66.57mAh/g、57.92mAh/g、53.23mAh/g、45.42mAh/g、32.49mAh/g。

如此可见，样品3在0.1*C*倍率下的首次放电比容量和其他不同倍率下的平均放电比容量均高于样品6，所以样品3具有更好的电化学性能。

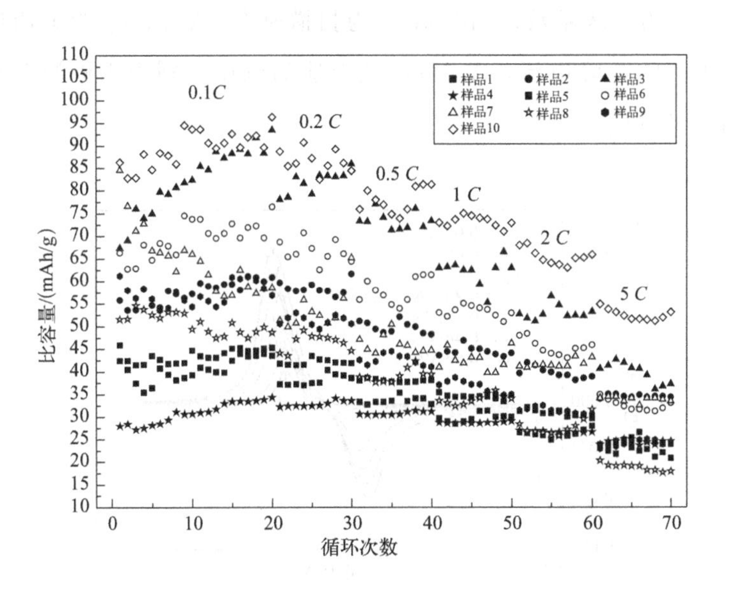

图7-5 正交实验样品不同倍率下的放电比容量

为进一步考察合成材料的电化学性能，对样品3以0.02、0.05、0.1、0.2、0.3、0.4、0.5mV/s的扫描速率进行循环伏安测试。从图7-6中可以看出各样品都存在一对氧化还原峰，扫描速率从 0.02mV/s 升高到 0.5mV/s，峰型均具有较好的对称性，说明这种条件下制备的磷酸铁锂材料，锂离子在其中具有良好的嵌入和脱嵌可逆性。但是氧化峰电位高于纯磷酸铁锂氧化峰电位（3.55V），低于还原峰电位（3.45V），说明材料存在着严重的极化。图中样品在不同扫描速率下的峰型对称性均比较好，说明材料发生的电化学反应具有可逆性。对于可逆反应，氧化还原峰之间的电势差（$E_{pa}-E_{pc}$）越小，峰电流越大，峰型越尖锐，说明可逆性程度越高。随着扫描速率的增加，氧化还原峰之间的电势差（$E_{pa}-E_{pc}$）也增大，而对于能斯特可逆体系，$E_{pa}-E_{pc}$ 是与扫描速率无关的，说明材料中对应的 Fe^{3+}/Fe^{2+} 氧化还原反应是一个准可逆体系。

对于受扩散控制的电极反应，峰电流公式：$I_p=2.69\times10^5 n^{3/2}AD^{1/2}c_b v^{1/2}$。式中，$n$ 为氧化反应或还原反应中电子转移的数目，此处 $n=1$；A 为电极面积，cm^2；D 为扩散系数，cm^2/s；v 为扫描速率，V/s；c_b 为电活性物质浓度，mol/L；I_p 为峰电流，A。峰电流对应的电压分别为阳极峰电势（E_{pa}）和阴极峰电势（E_{pc}）。

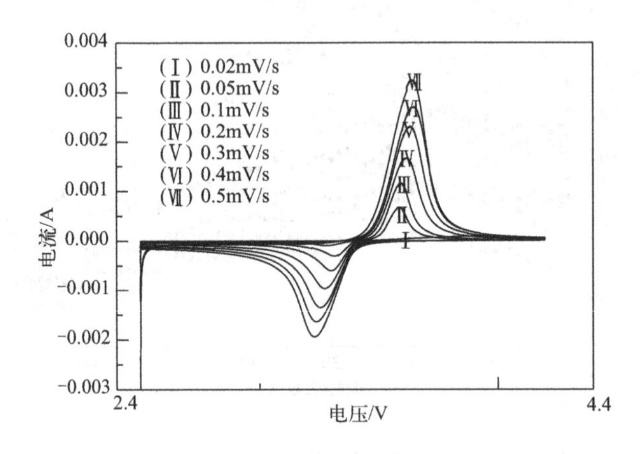

图 7-6　样品 3 在不同扫描速率下的循环伏安图

图 7-7 为峰电流与扫描速率的平方根的关系图，从图中可以看出峰电流与 $v^{1/2}$ 线性关系明显，说明 Fe^{+3}/Fe^{+2} 氧化还原反应受扩散控制。

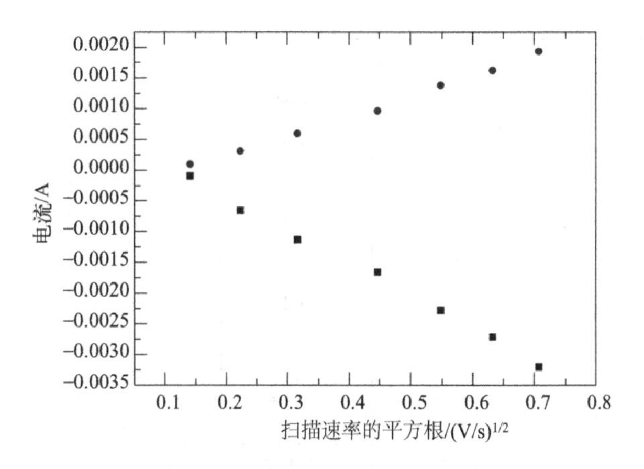

图 7-7　峰电流与扫描速率的平方根的关系图

7.3　季戊四醇/氯化胆碱体系中 $LiFePO_4$ 的合成

先将季戊四醇/氯化胆碱以 1∶3 的比例混合，获得低共熔混合物。然后将 Li_2CO_3、$FeC_2O_4 \cdot 2H_2O$、$NH_4H_2PO_4$ 以及制备的低共熔混合物依次加入到内衬聚四氟乙烯的不锈钢反应釜中。密封后将反应釜放入均相反应器中以转速 10～30r/min，在 180～220℃ 晶化反应 4～6d。所述的反应原料摩尔比为 Li_2CO_3∶$FeC_2O_4 \cdot 2H_2O$∶$NH_4H_2PO_4$∶DES=0.5∶1∶1∶(6～10)，并按照所设计的正交实验表完成实验。反应完成后将反应釜取出，冷却至室温，取出晶化产物。用酒精和去离子水进行洗涤，过滤、干燥后即得到 $LiFePO_4$ 粉体。

以 0.1C 充放电倍率下的放电比容量作为主要考察量，放电比容量越大越好。用极差分析法得到的结果见表 7-4。

表 7-4　季戊四醇/氯化胆碱体系 L9（4^3）正交实验结果分析

实验号	因素				0.1C 平均放电比容量/(mAh/g)
	反应时间/d	反应温度/℃	比例	转速/(r/min)	
1	4	180	1∶6	10	55.8
2	4	200	1∶8	20	71.83

续表

实验号		因素				0.1C 平均放电比容量/(mAh/g)
		反应时间/d	反应温度/℃	比例	转速/(r/min)	
3		4	220	1∶10	30	63.075
4		5	180	1∶8	30	63.34
5		5	200	1∶10	10	63.51
6		5	220	1∶6	20	106.06
7		6	180	1∶10	20	95.645
8		6	200	1∶6	30	88.435
9		6	220	1∶8	10	54.21
因素均值	K1	63.568	71.595	83.432	57.84	
	K2	77.637	74.592	63.127	91.178	
	K3	79.43	74.448	74.077	71.612	
极差 R		15.862	2.997	20.305	33.338	
主次顺序		转速＞比例＞反应时间＞反应温度				
优化水平		6	200	1∶06	20	

由表 7-4 中得到的极差数值及图 7-8 中各因素的极差比较，可以看出此反应体系中，改变转速对放电比容量的改变最明显，其次是比例，再次是反应时间，最后是反应温度，即 D>C>A>B。同时也确定了本实验体系的优化水平：A3B2C1D2，即反应时间为 6d，反应温度为 200℃；比例为 1∶6，转速为 20r/min。

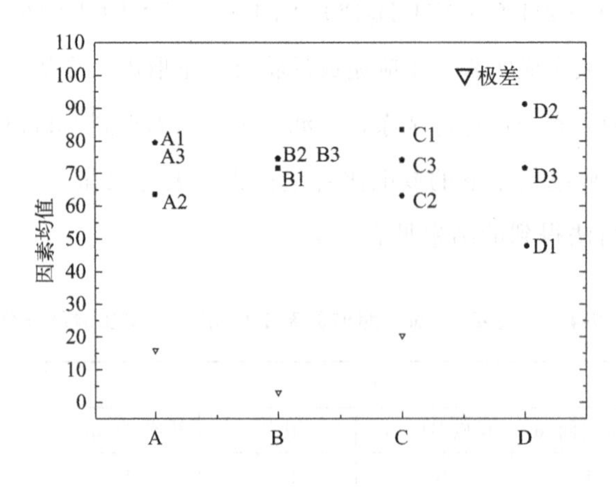

图 7-8 正交实验样品极差比较

7.3.1 季戊四醇/氯化胆碱体系中 $LiFePO_4$ 的物化表征

图 7-9 展示的是在不同转速下制备的 $LiFePO_4$ 样品的 XRD 图谱，与正交橄榄石晶型 $LiFePO_4$ 标准衍射峰（JCPDS 标准卡片号 40-1499）一一对应，属空间点群 pnma。且均相反应器以 10～30r/min 转速制备的样品，背底平整，均没有出现其他杂峰。

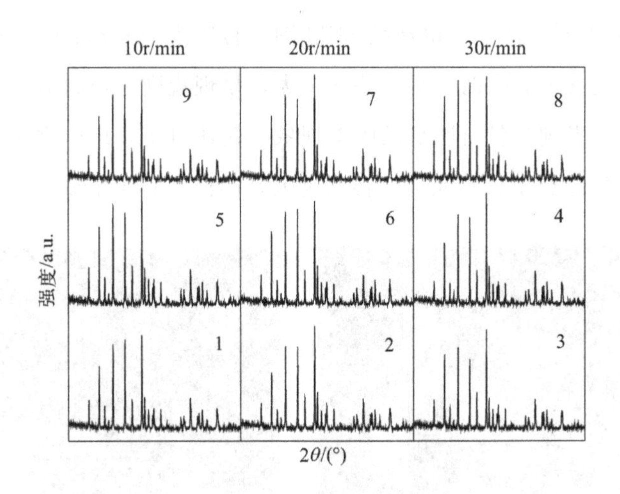

图 7-9 不同转速下制备的 $LiFePO_4$ 样品的 XRD 图谱（样品号与实验号一一对应）

表 7-5 给出了通过软件 jade. 5 分析三种转速下制备的磷酸铁锂 XRD 数据得到的晶胞参数。在均相反应器中以 10～30r/min 转速反应获得的样品，随着转速的升高，a 值先增大后减小，b 值先减小后增大，c 值一直减小，c/a 先减小后增大，晶胞体积先增大后减小。晶格常数 c/a 越小越有利于提高 Li^+ 在充放电过程中的脱嵌速率，如此可见，转速并不是越大越好，转速在 20r/min 时 Li^+ 在充放电过程中的脱嵌最容易。

根据表 7-5，可以确定在 20r/min 下合成的磷酸铁锂的（111）/(131）峰强比值比其他转速下合成的磷酸铁锂峰强比值高，预示在三种转速下，20r/min 下合成的磷酸铁锂将会有更好的电化学性能。

表 7-5 $LiFePO_4$ 样品的晶格参数

转速 /(r/min)	a/Å	b/Å	c/Å	c/a	V/Å^3	$I(111)/I(131)$
10	6.0036	10.2777	4.6956	0.7821	289.73	80.48
20	6.0170	10.2776	4.6897	0.7794	290.01	85.88
30	6.0099	10.2903	4.6884	0.7801	289.95	74.47
理论值	6.0198	10.347	4.7039	0.7814	292.99	

图 7-10 为不同转速下所得样品 SEM 图。转速为 10r/min 时，样品晶粒结晶不完整。转速为 20r/min 时，晶粒快速长大，呈现规则的块状形貌。当转速提高到 30r/min 时，发现晶粒有明显的团聚现象。转速过小，反应物在离子液体中混合不均匀，导致晶粒生长不完全。转速过大，同样不利于生成物的生成。

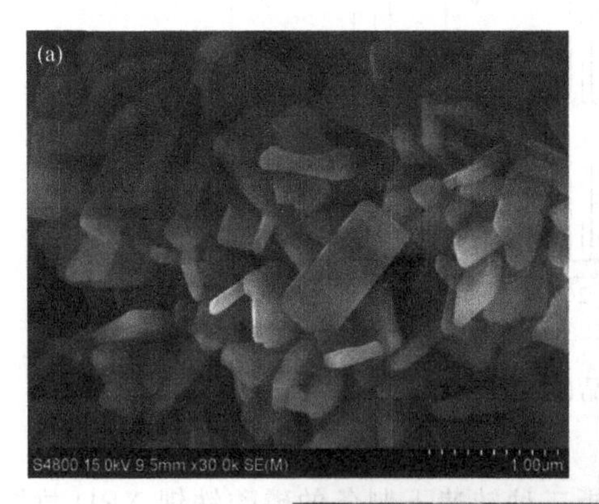

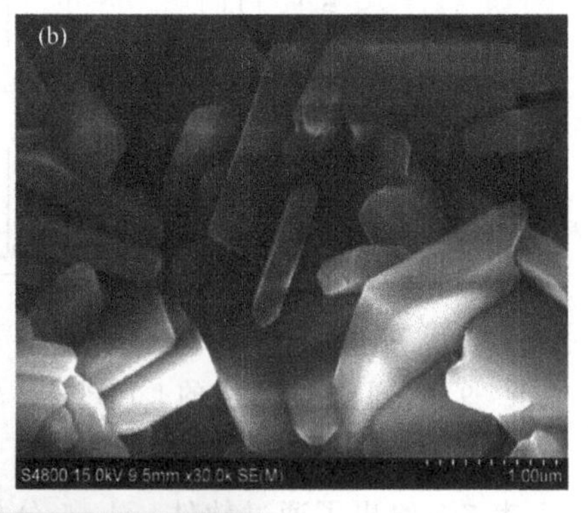

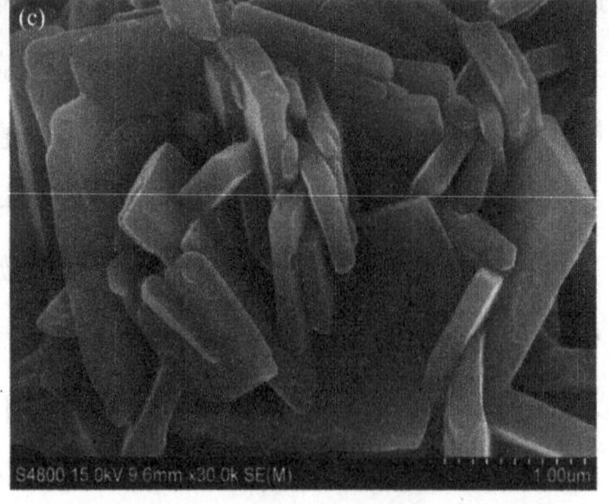

图 7-10 不同转速下所得样品 SEM 图

(a) 10r/min；(b) 20r/min；(c) 30r/min

7.3.2 季戊四醇/氯化胆碱体系中 $LiFePO_4$ 的电化学性能表征

图 7-11 为样品在 0.1*C* 倍率下的充放电曲线图，样品 6 和样品 7 为均相反应器转速为 20r/min 制备的样品。以 0.1*C* 的放电倍率，在 2.5V 和 4.2V 时的首次放电比容量分别为 91.3mAh/g、101.5mAh/g。其中放电电压分别为 3.3679V、3.3560V，低于文献报道的纯磷酸铁锂的放电电压 3.45V，说明材料在充放电过程中存在一定的极化。

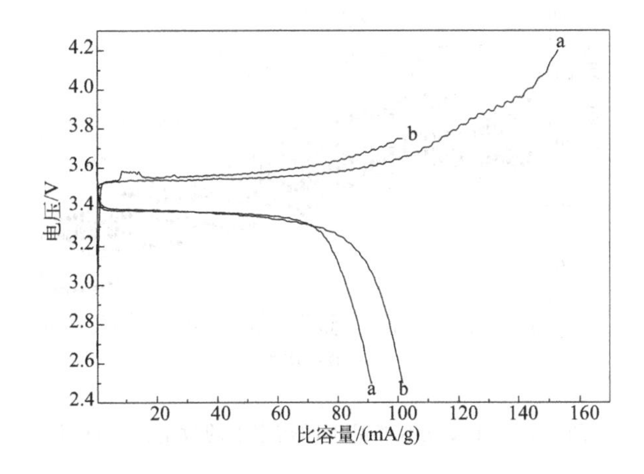

图 7-11　样品在 0.1*C* 倍率下的充放电曲线图（a：样品 6，b：样品 7）

图 7-12 为 9 个正交实验样品在室温 0.1*C*、0.2*C*、0.5*C*、1*C*、2*C*、5*C* 倍率下的放电比容量图。样品 6 在 0.1*C* 倍率下循环充放电，经过 15 次循环，容量保持率为 127.4%。经过 20 次循环，容量保持率为 122%。在 0.2*C* 倍率下循环充放电，经过 10 次循环，容量保持率为 103.5%。在 0.5*C* 倍率下为 91.75%，在 1*C* 倍率下为 109.2%，在 2*C* 倍率下为 91.91%，在 5*C* 倍率下为 105.3%。其在 0.1*C*、0.2*C*、0.5*C*、1*C*、2*C*、5*C* 倍率下的平均放电比容量分别为 106.06mAh/g、102.19mAh/g、92.27mAh/g、81.38mAh/g、69.52mAh/g、54.88mAh/g。

样品 7 在 0.1*C* 倍率下循环充放电，经过 20 次循环，容量保持率为 94.98%。在 0.2*C* 倍率下循环充放电，经过 10 次循环，容量保持率为

97.38%。在 0.5C 倍率下循环充放电，经过 10 次循环，容量保持率为 104.64%。在 1C 倍率下为 88.42%，在 2C 倍率下为 94.33%，在 5C 倍率下为 94.85%。其在 0.1C、0.2C、0.5C、1C、2C、5C 倍率下的平均放电比容量分别为 95.645mAh/g、88.96mAh/g、81.85mAh/g、73.27mAh/g、65.97mAh/g、51.36mAh/g。因此，样品 6 具有更好的循环性能。

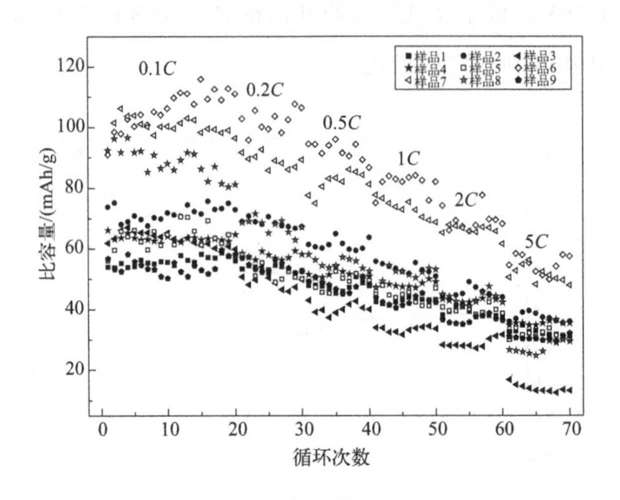

图 7-12 正交实验样品不同倍率下的放电比容量图

为进一步考察合成材料的电化学性能，对样品 6 以 0.02、0.05、0.1、0.2、0.3、0.4、0.5mV/s 的扫描速率进行循环伏安测试。从图 7-13 中可以看出各样品都存在一对氧化还原峰，分别对应着锂离子在材料中的嵌入与脱嵌，但是氧化峰电位高于纯磷酸铁锂的氧化峰电位（3.55V），低于还原峰电位（3.45V），说明材料存在着严重的极化。图中样品在不同扫描速率下的峰型对称性均比较好，说明材料发生的电化学反应具有可逆性。随着扫描速率的增加，氧化还原峰之间的电势差（$E_{pa}-E_{pc}$）也增大，而对于能斯特可逆体系，$E_{pa}-E_{pc}$ 是与扫描速率无关的，说明材料中对应的 Fe^{3+}/Fe^{2+} 氧化还原反应是一个准可逆体系。

图 7-14 为峰电流与扫描速率的平方根的关系图，从图中可以看出峰电流与 $v^{1/2}$ 线性关系明显，说明 Fe^{+3}/Fe^{+2} 氧化还原反应受扩散控制。

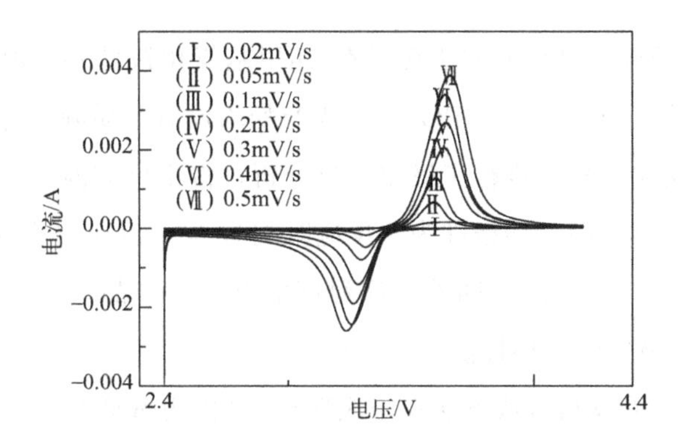

图 7-13　不同扫描速率下的循环伏安曲线图

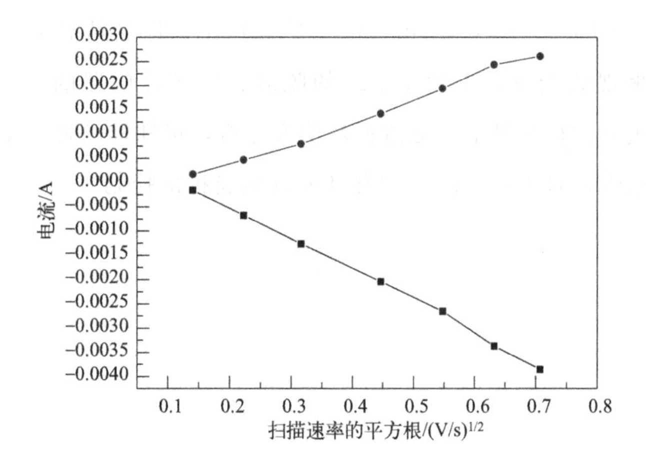

图 7-14　峰电流与扫描速率的平方根的关系图

7.4　小结

本章采用离子液体热合成法，分别在尿素/四甲基氯化铵低共熔混合物、季戊四醇/氯化胆碱低共熔混合物体系中，考察了合成锂离子电池正极材料 $LiFePO_4$ 的可能性及合成规律，采用 XRD、SEM 等手段对合成样品进行了表征，并对样品的电化学性能（放电比容量和循环伏安曲线）进行了测试。得到的主要结论如下：

① 采用离子液体热合成方法在尿素/四甲基氯化铵低共熔混合物体系中合成出锂离子电池正极材料 $LiFePO_4$。合成产物均没有杂质峰，都具有正交橄榄石晶型。对正交实验样品进行了极差结果分析，得出反应温度是影响样品合成的最主要因素。反应的最佳条件为：反应时间为4d、反应温度为220℃、比例为1∶14、转速为20r/min。随着反应温度的升高，样品晶粒尺寸迅速增大且在220℃时具有最好的循环性能。

② 采用离子液体热合成方法在季戊四醇/氯化胆碱低共熔混合物体系中合成出锂离子电池正极材料 $LiFePO_4$。合成产物均没有杂质峰，都具有正交橄榄石晶型。对正交实验样品进行了极差结果分析，得出均相反应器的转速是影响样品合成的最主要因素。反应的最佳条件为：反应时间为6d、反应温度为200℃、比例为1∶6、转速为20r/min。转速过小，样品结晶不完整。转速过大，样品团聚现象严重，不利于 Li^+ 的脱嵌。均相反应器的转速为20r/min时，样品有更好的循环性能。通过循环伏安分析，可知样品材料发生的电化学反应具有可逆性，且 Fe^{3+}/Fe^{2+} 氧化还原反应受扩散控制。

参考文献

[1] Liu C, Neale Z G, Cao G. Understanding electrochemical potentials of cathode materials in rechargeable batteries[J]. Materials Today, 2016, 19(2): 109-123.

[2] Baker S H. Anti-resilience: a roadmap for transformational justice within the energy system[J]. Harv. CR-CLL Rev., 2019, 54: 1.

[3] Amin A, Altinoz B, Dogan E. Analyzing the determinants of carbon emissions from transportation in European countries: the role of renewable energy and urbanization[J]. Clean Technologies and Environmental Policy, 2020, 22(8): 1725-1734.

[4] Yingying H U, Zhaoyin W, Kun R U I, et al. State-of-the-art research and development status of sodium batteries[J]. Energy Storage Science and Technology, 2013, 2(2): 81.

[5] Bruce P G, Freunberger S A, Hardwick L J, et al. Li-O_2 and Li-S batteries with high energy storage[J]. Nature Materials, 2012, 11(1): 19-29.

[6] Yang Z, Zhang J, Kintner-Meyer M C W, et al. Electrochemical energy storage for green grid[J]. Chemical Reviews, 2011, 111(5): 3577-3613.

[7] Ruetschi P. Review on the lead-acid battery science and technology[J]. Journal of Power Sources, 1977, 2(1): 3-120.

[8] Harb J N, LaFollette R M, Selfridge R H, et al. Microbatteries for self-sustained hybrid micropower supplies[J]. Journal of Power Sources, 2002, 104(1): 46-51.

[9] Armand M, Tarascon J M. Building better batteries[J]. Nature, 2008, 451(7179): 652-657.

[10] Ling J K, Karuppiah C, Krishnan S G, et al. Phosphate polyanion materials as high-voltage lithium-ion battery cathode: a review[J]. Energy & Fuels, 2021, 35(13): 10428-10450.

[11] Klein S, Baermann P, Fromm O, et al. Prospects and limitations of single-crystal cathode materials to overcome cross-talk phenomena in high-voltage lithium ion cells[J]. Journal of Materials Chemistry A, 2021, 9(12): 7546-7555.

[12] Tolganbek N, Yerkinbekova Y, Kalybekkyzy S, et al. Current state of high voltage olivine structured $LiMPO_4$ cathode materials for energy storage applications: A review[J]. Journal of Alloys and Compounds, 2021, 882: 160774.

[13] Lin J, Sun Y H, Lin X. Metal-organic framework-derived $LiFePO_4$ cathode encapsulated in O, F-codoped carbon matrix towards superior lithium storage[J]. Nano Energy, 2022, 91: 106655.

[14] Zhang J, Luo S H, Ren Q X, et al. Tailoring the sodium doped $LiMnPO_4$/C orthophosphate to nanoscale as a high-performance cathode for lithium ion battery[J]. Applied Surface Science, 2020, 530: 146628.

[15] Pan X, Gao Z, Liu L, et al. Self-templating preparation and electrochemical performance of $LiMnPO_4$ hollow microspheres[J]. Journal of Alloys and Compounds, 2019, 783: 468-477.

[16] Neef C, Reiser A, Thauer E, et al. Anisotropic ionic conductivity of $LiMn_{1-x}Fe_xPO_4$ ($0 \leqslant x \leqslant 1$) single crystals[J]. Solid State Ionics, 2020, 346: 115197.

[17] Masias A, Marcicki J, Paxton W A. Opportunities and challenges of lithium ion batteries in automotive applications[J]. ACS Energy Letters, 2021, 6(2): 621-630.

[18] Yang H, Fu C, Sun Y, et al. Fe-doped $LiMnPO_4$@C nanofibers with high Li-ion diffusion coefficient[J]. Carbon, 2020, 158: 102-109.

[19] Ding G, Yan F, Zhu Z, et al. Mussel-inspired polydopamine-assisted uniform coating of Li^+ conductive $LiAlO_2$ on nickel-rich $LiNi_{0.8}Co_{0.1}Mn_{0.1}O_2$ for high-performance Li-ion batteries[J]. Ceramics International, 2022, 48(4): 5714-5723.

[20] Sun Y, Liu Z, Chen X, et al. Enhancing the stabilities and electrochemical performances of $LiNi_{0.5}Co_{0.2}Mn_{0.3}O_2$ cathode material by simultaneous $LiAlO_2$ coating and Al doping[J]. Electrochimica Acta, 2021, 376: 138038.

[21] Costa C M, Barbosa J C, Gonçalves R, et al. Recycling and environmental issues of lithium-ion batteries: Advances, challenges and opportunities[J]. Energy Storage Materials, 2021, 37: 433-465.

[22] Chen Y H, Wang C W, Zhang X, et al. Porous cathode optimization for lithium cells: Ionic and electronic conductivity, capacity, and selection of materials[J]. Journal of Power Sources, 2010, 195(9): 2851-2862.

[23] Gören A, Costa C M, Silva M M, et al. State of the art and open questions on cathode preparation based on carbon coated lithium iron phosphate[J]. Composites Part B: Engineering, 2015, 83: 333-345.

[24] Lee Y K. The effect of active material, conductive additives, and binder in a cathode composite electrode on battery performance[J]. Energies, 2019, 12(4): 658.

[25] Miranda D, Gören A, Costa C M, et al. Theoretical simulation of the optimal relation between active material, binder and conductive additive for lithium-ion battery cathodes[J]. Energy,

2019, 172: 68-78.

[26] Zheng H, Yang R, Liu G, et al. Cooperation between active material, polymeric binder and conductive carbon additive in lithium ion battery cathode[J]. The Journal of Physical Chemistry C, 2012, 116(7): 4875-4882.

[27] Fransson L, Eriksson T, Edström K, et al. Influence of carbon black and binder on Li-ion batteries[J]. Journal of Power Sources, 2001, 101(1): 1-9.

[28] Liu Z, Yu A, Lee J Y. Cycle life improvement of $LiMn_2O_4$ cathode in rechargeable lithium batteries[J]. Journal of Power Sources, 1998, 74(2): 228-233.

[29] Su L, Li X, Ming H, et al. Effect of vanadium doping on electrochemical performance of LiMnPO4 for lithium-ion batteries[J]. Journal of Solid State Electrochemistry, 2014, 18(3): 755-762.

[30] Luo Y, Xu X, Zhang Y, et al. Hierarchical carbon decorated $Li_3V_2(PO_4)_3$ as a bicontinuous cathode with high-rate capability and broad temperature adaptability[J]. Advanced Energy Materials, 2014, 4(16): 1400107.

[31] Hu X, Zeng G, Chen J, et al. 3D graphene network encapsulating SnO_2 hollow spheres as a high-performance anode material for lithium-ion batteries[J]. Journal of Materials Chemistry A, 2017, 5(9): 4535-4542.

[32] Myung S T, Hitoshi Y, Sun Y K. Electrochemical behavior and passivation of current collectors in lithium-ion batteries[J]. Journal of Materials Chemistry, 2011, 21(27): 9891-9911.

[33] Arora P, Zhang Z. Battery separators[J]. Chemical Reviews, 2004, 104(10): 4419-4462.

[34] Goodenough J B, Park K S. The Li-ion rechargeable battery: a perspective[J]. Journal of the American Chemical Society, 2013, 135(4): 1167-1176.

[35] Wang Z, Xiong X, Qie L, et al. High-performance lithium storage in nitrogen-enriched carbon nanofiber webs derived from polypyrrole[J]. Electrochimica Acta, 2013, 106: 320-326.

[36] Wang H, Liu L, Wang R, et al. Self-assembly of antisite defectless nano-$LiFePO_4$@C/reduced graphene oxide microspheres for high-performance lithium-ion batteries[J]. ChemSusChem, 2018, 11(13): 2255-2261.

[37] Li J, Wang Y, Wu J, et al. CNT-embedded $LiMn_{0.8}Fe_{0.2}PO_4$/C microsphere cathode with high rate capability and cycling stability for lithium ion batteries[J]. Journal of Alloys and Compounds, 2018, 731: 864-872.

[38] Xu B, Qian D, Wang Z, et al. Recent progress in cathode materials research for advanced lithium ion batteries[J]. Materials Science and Engineering: R: Reports, 2012, 73(5-6): 51-65.

[39] Choi D, Wang D, Bae I T, et al. $LiMnPO_4$ nanoplate grown via solid-state reaction in molten hy-

drocarbon for Li-ion battery cathode[J]. Nano Letters, 2010, 10(8): 2799-2805.

[40] Zhang M, Liu Y, Li D, et al. Electrochemical impedance spectroscopy: A new chapter in the fast and accurate estimation of the state of health for lithium-ion batteries[J]. Energies, 2023, 16(4): 1599.

[41] Xia Q, Liu T, Xu J, et al. High performance porous $LiMnPO_4$ nanoflakes: synthesis from a novel nanosheet precursor[J]. Journal of Materials Chemistry A, 2015, 3(12): 6301-6305.

[42] Khaboshan H N, Jaliliantabar F, Abdullah A A, et al. Improving the cooling performance of cylindrical lithium-ion battery using three passive methods in a battery thermal management system [J]. Applied Thermal Engineering, 2023, 227: 120320.

[43] Thackeray M M, Kang S H, Johnson C S, et al. Li_2MnO_3-stabilized $LiMO_2$ (M=Mn, Ni, Co) electrodes for lithium-ion batteries[J]. Journal of Materials Chemistry, 2007, 17(30): 3112-3125.

[44] Gallagher K G, Kang S H, Park S U, et al. $xLi_2MnO_3 \cdot (1-x)LiMO_2$ blended with $LiFePO_4$ to achieve high energy density and pulse power capability[J]. Journal of Power Sources, 2011, 196(22): 9702-9707.

[45] Wang M, Navrotsky A. $LiMO_2$ (M=Mn, Fe, and Co): Energetics, polymorphism and phase transformation[J]. Journal of Solid State Chemistry, 2005, 178(4): 1230-1240.

[46] Yu H, Zhou H. High-energy cathode materials (Li_2MnO_3-$LiMO_2$) for lithium-ion batteries[J]. The Journal of Physical Chemistry Letters, 2013, 4(8): 1268-1280.

[47] Marincaş A H, Goga F, Dorneanu S A, et al. Review on synthesis methods to obtain $LiMn_2O_4$-based cathode materials for Li-ion batteries[J]. Journal of Solid State Electrochemistry, 2020, 24(3): 473-497.

[48] Thackeray M M, Amine K. $LiMn_2O_4$ spinel and substituted cathodes[J]. Nature Energy, 2021, 6(5): 566.

[49] Yao L, Xi Y, Han H, et al. $LiMn_2O_4$ prepared from waste lithium ion batteries through sol-gel process[J]. Journal of Alloys and Compounds, 2021, 868: 159222.

[50] Rossouw M H, De Kock A, De Picciotto L A, et al. Structural aspects of lithium-manganese-oxide electrodes for rechargeable lithium batteries[J]. Materials Research Bulletin, 1990, 25(2): 173-182.

[51] Hadouchi M, Koketsu T, Hu Z, et al. The origin of fast-charging lithium iron phosphate for batteries[J]. Battery Energy, 2022, 1(1): 20210010.

[52] Zhang W J. Structure and performance of $LiFePO_4$ cathode materials: A review[J]. Journal of Power Sources, 2011, 196(6): 2962-2970.

[53] Malik R, Abdellahi A, Ceder G. A critical review of the Li insertion mechanisms in $LiFePO_4$ electrodes[J]. Journal of the Electrochemical Society, 2013, 160(5): A3179.

[54] Eftekhari A. $LiFePO_4$/C nanocomposites for lithium-ion batteries[J]. Journal of Power Sources, 2017, 343: 395-411.

[55] Ban C, Yin W J, Tang H, et al. A novel codoping approach for enhancing the performance of $LiFePO_4$ cathodes[J]. Advanced Energy Materials, 2012, 2(8): 1028-1032.

[56] Shin H C, Park S B, Jang H, et al. Rate performance and structural change of Cr-doped $LiFePO_4$/C during cycling[J]. Electrochimica Acta, 2008, 53(27): 7946-7951.

[57] Rong Y, Liu X, Ye Q U, et al. Synthesis of nanostructured Li_2FeSiO_4/C cathode for lithium-ion battery by solution method[J]. Transactions of Nonferrous Metals Society of China, 2012, 22(10): 2529-2534.

[58] Gao H, Hu Z, Zhang K, et al. Intergrown Li_2FeSiO_4 · $LiFePO_4$-C nanocomposites as high-capacity cathode materials for lithium-ion batteries[J]. Chemical Communications, 2013, 49(29): 3040-3042.

[59] Guo H J, Xiang K, Xuan C A O, et al. Preparation and characteristics of Li_2FeSiO_4/C composite for cathode of lithium ion batteries[J]. Transactions of Nonferrous Metals Society of China, 2009, 19(1): 166-169.

[60] 伊廷锋，李紫宇，陈宾，等．锂离子电池新型 $LiFeSO_4F$ 正极材料的研究进展[J]. 稀有金属材料与工程，2015，44(12)：3248-3252.

[61] Zhong G, Li Y, Yan P, et al. Structural, electronic, and electrochemical properties of cathode materials Li_2MSiO_4 (M = Mn, Fe, and Co): density functional calculations[J]. The Journal of Physical Chemistry C, 2010, 114(8): 3693-3700.

[62] Zhang W J. Structure and performance of $LiFePO_4$ cathode materials: A review[J]. Journal of Power Sources, 2011, 196(6): 2962-2970.

[63] Yamada A, Hosoya M, Chung S C, et al. Olivine-type cathodes achievements and problems [J]. Journal of Power Sources, 2003, 119(12): 232-238.

[64] Lee J W, Par M S, Anass B, et al. Electrochemical lithiation and delithiation of $LiMnPO_4$: Effect of cationsubstitution[J]. Electrochimica Acta, 2010, 55: 4162-4169.

[65] Padhi A K, Nanjundaswamy K S, Goodenough J B. Phospho-olivines as positive-electrode materials for rechargeable lithium batteries [J]. Journal of the Electrochemical Society, 1997, 144(4): 1188-1194.

[66] Ni J F, Lawabe Y, Masanori M, et al. $LiMnPO_4$ as the cathode for lithium batteries [J]. Journal

of Power Sources, 2011, 196: 8104-8109.

[67] Pieczonka N P, Liu Z Y, Huq A, et al. Comparative study of $LiMnPO_4$/C cathodes synthesized by polyol and solid-state reaction methods for Li-ion batteries[J]. Journal of Power Sources, 2013, 230: 122-129.

[68] 常晓燕，王志兴，李新海，等．锂离子电池正极材料 $LiMnPO_4$ 的合成与性能[J]. 物理化学学报，2004，20(10)：1249-1352.

[69] 王志兴，李向群，常晓燕，等．锂离子电池橄榄石结构正极材料 $LiMnPO_4$ 的合成与性能[J]. 中国有色金属学报，2008，18:660-665.

[70] Tucker M C, Doeff M M, Richardson T T, et al. 7Li and 31P magic angle spinning nuclear magnetic resonance of $LiFePO_4$-type materials electrochem [J]. Electrochemical and Solid-State Letters, 2002, 5(5):A95-A98.

[71] Gao Z, Pan X L, Li H P, et al. Hydrothermal synthesis and electrochemical properties of dispersed $LiMnPO_4$ wedges[J]. CrystEngComm, 2013, 15(38): 7808-7814.

[72] Qin Z H, Zhou X F, Xia Y G, et al. Morphology controlledsynthesis and modification of high-performance $LiMnPO_4$ cathode materials for Li-ion batteries[J]. Journal of Materials Chemistry, 2012, 22(39): 21144-21153.

[73] Fang H S, Li L P, Li G S. Hydrothermal synthesis of electrochemically active $LiMnPO_4$[J]. Chemistry Letters, 2007, 36(3): 436-437.

[74] Fang H S, Pan Z Y, Li L P, et al. The possibility of manganese disorder in $LiMnPO_4$ and its effecton the electrochemical activity[J]. Electrochemistry Communications, 2008, 10: 1071-1073.

[75] Wang Y, Yang Y, Yang Y, et al. Fabrication of microspherical $LiMnPO_4$ cathode material by a facile one-step solvothermal process [J]. Materials Research Bulletin, 2009, 44(11):2139-2142.

[76] Delacourt C, Poizot P, Morcrette M, et al. One-Step low-temperature route for the preparation of electrochemically active $LiMnPO_4$ powders[J]. Chemistry of Materials, 2004, 16(1):93-99.

[77] Xiao J, Xu W, Choi D W, et al. Synthesis and characterization of lithium manganese phosphate by a precipitation method [J]. Journal of The Electrochemical Society, 2010, 157(2): A142-A147.

[78] Kwon N H, Drezen T, Exnar I, et al. Enhanced electrochemical performanceof mesoparticulate $LiMnPO_4$ for lithium ion batteries [J]. Electrochemical and Solid-State Letters, 2006, 9(6): A277-A280.

[79] Zhong S H, Wang Y, Liu J Q, et al. Synthesis of $LiMnPO_4$/C composite material for lithium ion batteries bysol-gel method[J]. Transactions of Nonferrous Metals Society of China, 2012(22):

2535-2540.

[80] Doan T N L, Taniguchi I. Cathode performance of $LiMnPO_4$/C nanocompositesprepared by a combination of spray pyrolysis and wet ball-milling followed by heat treatment [J]. Journal of Power Sources, 2011, 196(3): 1399-1408.

[81] Oh SM, Oh SW, Yoon CS, et al. High-performance carbon-$LiMnPO_4$ nanocomposite cathodefor lithium batteries [J]. Advanced Functional Materials, 2010, 20: 3260-3265.

[82] Doan T N L, Bakenov Z, Taniguchi I. Preparation of carbon coated $LiMnPO_4$ powders by a combination of spray pyrolysis with dry ball-milling followed by heat treatment[J]. Advanced Powder Technology, 2010, 21: 187-196.

[83] Yang J, Xu J J. Synthesis and characterization of carbon-coated lithium transition metal phosphates $LiMPO_4$(M=Fe, Mn, Co, Ni)prepared via a nonaqueous sol-gel route [J]. Journal of The Electrochemical Society, 2006, 153(4): A716-A723.

[84] Bakenov Z, Taniguchi I. Electrochemical performance of nanocomposite $LiMnPO_4$/C cathode materials for lithium batteries[J]. Electrochemistry Communications, 2010, 12(1): 75-78.

[85] 张明福，韩杰才，赫晓东，等．喷雾热解法制备功能材料研究进展 [J]. 压电与声光，1999, 21(5): 401-406.

[86] Wang Y R, Yang Y F, Yang Y B, et al. Enhanced electrochemical performance of unique morphological $LiMnPO_4$/C cathode material prepared by solvothermal method[J]. Solid State Communications, 2010, 150(1-2):81-85.

[87] Kim T R, Kim D H, Ryu H W, et al. Synthesis of lithium manganese phosphate nanoparticle and its properties [J]. Journal of Physics and Chemistry of Solids, 2007, 68(5): 1203-1206.

[88] Martha S, Markovsky B, Grinblat J, et al. $LiMnPO_4$ as an advanced cathode material forrechargeable lithium batteries [J]. Journal of The Electrochemical Society, 2009, 156(7): A541-A552.

[89] Murugan A V, Muraliganth T, Manthiram A. One-pot microwave-hydrothermal synthesis and characterization of carbon-coated $LiMPO_4$(M=Mn, Fe, and Co)cathodes[J]. Journal of the Electrochemical Society, 2009, 156(2):A79-A83.

[90] 胡成林．锂离子电池磷酸盐正极材料的制备、表征及性能研究 [D]. 昆明：昆明理工大学，2011.

[91] Dokko K, Hachida T, Watanabe M. $LiMnPO_4$ nanoparticles prepared through the reaction between Li_3PO_4 and molten aqua-complex of $MnSO_4$ [J]. Journal of the Electrochemical Society, 2011, 158(12): A1275-A1281.

[92] Pivko M, Bele M, Tchernychova E, et al. Synthesis of nanometric $LiMnPO_4$ via a two-Step tech-

nique [J]. Chemistry of Materials, 2012, 24: 1041-1047.

[93] Liu J L, Liu X Y, Huang T, et al. Synthesis of nano-sized $LiMnPO_4$ and in situ carboncoating using a solvothermal method [J]. Journal of Power Sources, 2013, 229: 203-209.

[94] Li G H, Azuma H, Tohda M. $LiMnPO_4$ as the cathode for lithium batteries[J]. Electrochemical and Solid State Letters, 2002, 5(6): A135-A137.

[95] Mizuno Y, Kotobuki M, Munakata H, et al. Effect of carbon source on electrochemical performance of carbon coated $LiMnPO_4$ cathode[J]. Journal of the Ceramic Society of Japan, 2009, 117 (1371):1225-1228.

[96] Yang S L, Ma R G, Hu M J, et al. Solvothermal synthesisof nano-$LiMnPO_4$ from Li_3PO_4 rod-like precursor: reaction mechanism andelectrochemical properties[J]. Journal of Materials Chemistry, 2012, 22(48): 25402-25408.

[97] Hu C L, Yi H H, Fang H S, et al. Improving the electrochemical activity of $LiMnPO_4$ via Mn-site co-substitution with Fe and Mg [J]. Electrochemistry Communications, 2010, 12 (12): 1784-1787.

[98] Zuo P J, Chen G Y, Wang L G, et al. Ascorbic acid-assisted solvothermal synthesis of $LiMn_{0.9}Fe_{0.1}PO_4/C$ nanoplatelets with enhanced electrochemical performance for lithium ion batteries [J]. Journal of Power Sources, 2013, 243:872-879.

[99] Bakenov I, Taniguch I. Physical and electrochemical properties of $LiMnPO_4/C$ composite cathode prepared with different conductive carbons[J]. Journal of Power Sources, 2010, 195:7445-7451.

[100] Zhong S H, Xu Y B, Li Y H, et al. Synthesis and electrochemical performance of $LiMnPO_4/C$ composites cathode materials[J]. Rare Metals, 2012, 31(5): 474-478.

[101] Jiang Y, Liu R Z, Xu W W, et al. A novel graphene modified $LiMnPO_4$ as a performance-improved cathode material for lithium-ion batteries[J]. Journal of Materials Research, 2013, 28 (18): 2584-2589.

[102] Huang C W, Li Y Y. In Situ Synthesis of platelet graphite nanofibers from thermal decomposition of poly(ethylene glycol)[J]. Journal of Physical Chemistry B, 2006, 110: 23242-23246.

[103] Dobryszycki J, Biallozor S. On some organic inhibitors ofzinc corrosion in alkaline media [J]. Corrosion Science, 2001, 43: 1309-1319.

[104] Wang L N, Zhan X C, Zhang Z G, et al. A soft chemistry synthesis routine for $LiFePO_4$-Cusing a novel carbon source [J]. Journal of Alloys and Compounds, 2008, 456: 461-465.

[105] Kim D K, Park H M, Jung S J, et al. Effect of synthesis conditions on the properties of $LiFePO_4$ for secondary lithium batteries [J]. Journal of Power Sources, 2006, 159: 237-240.

[106] Wang L N, Zhang Z G, Zhang K L. A simple, cheap soft synthesis routine for $LiFePO_4$ using iron(Ⅲ)raw material [J]. Journal of Power Sources, 2007, 167: 200-205.

[107] Murugan A V, Muraliganth T, Ferreira P J, et al. Dimensionally modulated, single-crystalline $LiMPO_4$(M=Mn, Fe, Co, and Ni)with nano-thumblike shapes for high-power energy storage [J]. Inorganic Chemistry, 2009, 48: 946-952.

[108] Shiratsuchi T, Okada S, Doi T, et al. Cathodic performance of $LiMn_{1-x}M_xPO_4$(M=Ti, Mg and Zr)annealed in an inert atmosphere[J]. Electrochimica Acta, 2009, 54(11):3145-3151.

[109] Yamada A, Chung S C. Crystal chemistry of the olivine-type $Li(Mn_yFe_{1-y})PO_4$ and$(Mn_yFe_{1-y})PO_4$ as possible 4V cathode materials for lithiumbatteries[J]. Journal of the Electrochemical Society, 2001, 148(8):A960-A967.

[110] Ni J F, Gao L J. Effect of copper doping on $LiMnPO_4$ prepared via hydrothermal route [J]. Journal of Power Sources, 2011, 196(15):6498-6501.

[111] Chen G Y, Shukla A K, Song X Y, et al. Benefits of N for O substitution in polyoxoanionic electrode materials: a first principles investigation of the electrochemical properties of $Li_2FeSiO_{4-y}N_y$ (y =0, 0.5, 1)[J]. Journal of Materials Chemistry, 2011, 21:10126-10133.

[112] Fang H S, Yi H H, Hu C L, et al. Effect of Zn doping on the performance of $LiMnPO_4$ cathode for lithium ion batteries[J]. Electrochimica Acta, 2012, 71: 266-269.

[113] Padhi A K, Najundaswamy K S, Goodenough J B. Phospho-olivines as positive electrode materials for rechargeable lithium batteries[J]. Electrochemical. Soc. , 1997, 144(4): 1188-1194.

[114] 吴双 . $LiFePO_4$ 前驱体制备与 $LiFePO_4$ 的高温合成动力学[D]. 镇江: 江苏科技大学, 2019.

[115] 唐湘平, 李超, 刘述平, 等 . 工业级硫酸亚铁制备高性能磷酸铁锂正极材料[J]. 广州化工, 2019, 47(18):40-42.

[116] 赵群芳, 欧阳全胜, 蒋光辉, 等 . 锂离子电池 $LiFePO_4$ 正极材料的掺杂改性研究进展[J]. 湖南有色金属, 2019, 35(5):40-43.

[117] Padhi A K, Najundaswamy K S, Masquelier C, et al. Mapping of transition-metal redox energies in phosphates with NASICON structure by lithium intercalation[J]. Journal of Electrochem Soc, 1997, 144: 2581-2586.

[118] Muxina Konarova, Izumi Taniguchi. Preparation of carbon coated $LiFePO_4$ by a combination of spray pyrolysis with planetary ball-milling followed by heat treatment and their electrochemical properties[J]. Powder Technology, 2009, 191: 111-116.

[119] Lloris J M, Perez Vicente C, Tirado J L. Improvement of the electrochemical performance of $LiCoPO_4$ 5V material using a novel synthesis procedure[J]. Electrochemical and Solid-State Let-

ters, 2002, 5(10): A234-A237.

[120] Cho Y D, Feya G T K, Kao H M. The effect of carbon coating thickness on the capacity of $LiFePO_4/C$ composite cathodes[J]. Journal of Power Sources, 2009, 189: 256-262.

[121] Robert Dominko, Miran Gaberscek, Jernej Drofenik, et al. The role of carbon black distribution in cathodes for Li ion batteries[J]. Journal of Power Sources, 2003, 119-121: 770-773.

[122] Zhao-yong Chen, Hua-li Zhu, Shan Ji, et al. Vladimir Linkov influence of carbon sources on electrochemical performances of $LiFePO_4/C$ composites[J]. Solid State Ionics, 2008, 179: 1810-1815.

[123] Chung S Y, Bloking J T, Chiang Y M. Electronically conductive phospho-olivines as lithium storage electrodes[J]. Nature Material, 2002, 1(2):123-128.

[124] 宋士涛，马培华，李发强，等．锂离子电池正极材料 $Li_{1-x}V_xCr_yFe_{1-y}PO_4/C$ 的制备及电化学性能的研究[J]. 功能材料，2008, 10(39):1694-1699.

[125] 唐昌平，应皆荣，雷敏，等．控制结晶-微波碳热还原法制备高密度 $LiFePO_4/C$[J]. 电化学，2006, 12(2): 188-190.

[126] Whittingham M S. Ultimate limits to intercalation reactions for lithium batteries[J]. Chemical Reviews, 2014, 114(23): 11414-11443.

[127] Islam M S, Dominko R, Masquelier C, et al. Silicate cathodes for lithium batteries: alternatives to phosphates[J]. Journal of Materials Chemistry, 2011, 21(27): 9811-9818.

[128] Arroyo-de Dompablo M E, Armand M, Tarascon J M, et al. On-demand design of polyoxianionic cathode materials based on electronegativity correlations: An exploration of the Li_2MSiO_4 system(M=Fe, Mn, Co, Ni)[J]. Electrochemistry Communications, 2006, 8(8): 1292-1298.

[129] Wu S Q, Zhang J H, Zhu Z Z, et al. Structural and electronic properties of the Li-ion battery cathode material Li_xCoSiO_4[J]. Current Applied Physics, 2007, 7(6): 611-616.

[130] Ni J, Jiang Y, Bi X, et al. Lithium iron orthosilicate cathode: progress and perspectives[J]. ACS Energy Letters, 2017, 2(8): 1771-1781.

[131] Nytén A, Abouimrane A, Armand M, et al. Electrochemical performance of Li_2FeSiO_4 as a new Li-battery cathode material[J]. Electrochemistry Communications, 2005, 7(2): 156-160.

[132] 张玲，王文聪，倪江锋．两电子反应体系硅酸铁锂的研究进展[J]. 中国科学：化学，2015(6): 571-580.

[133] Mali G, Sirisopanaporn C, Masquelier C, et al. Li_2FeSiO_4 polymorphs probed by 6Li MAS NMR and 57Fe Mossbauer spectroscopy[J]. Chemistry of Materials, 2011, 23(11): 2735-2744.

[134] Sirisopanaporn C, Dominko R, Masquelier C, et al. Polymorphism in $Li_2(Fe, Mn)SiO_4$: A

combined diffraction and NMR study[J]. Journal of Materials Chemistry, 2011, 21(44): 17823-17831.

[135] Dominko R, Bele M, Gaberšček M, et al. Structure and electrochemical performance of Li_2MnSiO_4 and Li_2FeSiO_4 as potential Li-battery cathode materials[J]. Electrochemistry Communications, 2006, 8(2): 217-222.

[136] Nishimura S, Hayase S, Kanno R, et al. Structure of Li_2FeSiO_4[J]. Journal of the American Chemical Society, 2008, 130(40): 13212-13213.

[137] Saracibar A, Van der Ven A, Arroyo-de Dompablo M E. Crystal structure, energetics, and electrochemistry of Li_2FeSiO_4 polymorphs from first principles calculations[J]. Chemistry of Materials, 2012, 24(3): 495-503.

[138] Wang G, Kong D, Ping P, et al. Revealing particle venting of lithium-ion batteries during thermal runaway: A multi-scale model toward multiphase process[J]. eTransportation, 2023, 16:100237.

[139] Liivat A, Thomas J O. Li-ion migration in Li_2FeSiO_4-related cathode materials: A DFT study[J]. Solid State Ionics, 2011, 192(1): 58-64.

[140] Yang Q, Deng N, Zhao Y, et al. A review on 1D materials for all-solid-state lithium-ion batteries and all-solid-state lithium-sulfur batteries[J]. Chemical Engineering Journal, 2023, 451:138532.

[141] Arroyo-De, Dompablo M E, Armand M, et al. On the energetic stability and electrochemistry of Li_2MnSiO_4 polymorphs[J]. Chemistry of Materials, 2008, 20: 5574-5584.

[142] Politaev V V, Petrenko A A, Nalbandyan V B, et al. Crystal structure, phase relations and electrochemical properties of monoclinic Li_2MnSiO_4[J]. Journal of Solid State Chemistry, 2007, 180(3): 1045-1050.

[143] Kokalj A, Dominko R, Mali G, et al. Beyond one-electron reaction in Li cathode materials: Designing $Li_2Mn_xFe_{1-x}SiO_4$[J]. Chemistry of Materials, 2007, 19(15): 3633-3640.

[144] 温振凤，王存国．锂离子电池硅酸锰锂电极材料的研究进展[J]. 化工科技，2012, 20(4): 73-78.

[145] Dominko R. Li_2MSiO_4 (M=Fe and/or Mn) cathode materials [J]. Journal of Power Sources, 2008, 184(2): 462-468.

[146] Ghosh P, Mahanty S, Basu R N. Improved electrochemical performance of Li_2MnSiO_4/C composite synthesized by combustion technique [J]. Journal of the Electrochemical Society, 2009, 156(8): A677-A681.

[147] Liu W G, Xu Y H, Yang R. Synthesis, characterization and electrochemical performance of

Li_2MnSiO_4/C cathode material by solid-state reaction [J]. Journal of Alloys and Compounds, 2009, 480(2): L1-L4.

[148] Karthikeyan K, Aravindan V, Lee S B, et al. Electrochemical performance of carbon-coated lithium manganese silicate for asymmetric hybrid supercapacitors[J]. Journal of Power Sources, 2010, 195(11): 3761-3764.

[149] Gao K, Dai C S, Lv J, et al. Thermal dynamics and optimization on solid-state reacti on for synthesis of Li_2MnSiO_4 materials[J]. Journal of Power Sources, 2012, 211:97-102.

[150] Gummow R J, Sharma N, Peterson V K, et al. Crystal chemistry of the Pmnb polymorph of Li_2MnSiO_4[J]. Journal of Solid State Chemistry, 2012, 188(22): 32-37.

[151] Liu J, Xu H Y, Jiang X L, et al. Facile solid-state synthesis of Li_2MnSiO_4/C nanocomposite as a superior cathode with a long cycle life[J]. Journal of Power Sources, 2013, 231(6): 39-43.

[152] Deng C, Zhang S, Fu B L, et al. Characterization of Li_2MnSiO_4 and Li_2FeSiO_4 cathode materials synthesized via a citric acid assisted sol-gel method[J]. Materials Chemistry and Physics, 2010, 120(1):14-17.

[153] Aravindan V, Karthikeyan K, Ravi S, et al. Adipic acid assisted sol-gel synthesis of Li_2MnSiO_4 nanoparticles with improved lithium storage properties[J]. Journal of Materials Chemistry, 2010, 20(35): 7340-7343.

[154] Aravindan V, Ravi S, Kim W S, et al. Size controlled synthesis of Li_2MnSiO_4 nanoparticles: Effect of calcination temperature and carbon content for high performance lithium batteries [J]. Journal of Colloid and Interface Science, 2011, 355(2): 472-477.

[155] Zhang Q Q, Zhuang Q C, Xu S D, et al. Synthesis and characterization of pristine Li_2MnSiO_4 and Li_2MnSiO_4/C cathode materials for lithium ion batteries[J]. Ionics, 2012, 18(5): 487-494.

[156] Qu L, Fang S H, Yang L, et al. Synthesis and characterization of high capacity Li_2MnSiO_4/C cathode material for lithium-ion battery[J]. Journal of Power Sources, 2014, 252: 169-175.

[157] Hou P Q, Feng J, Wang Y F, et al. Study on the properties of Li_2MnSiO_4 as cathode material for lithium-ion batteries by sol-gel method[J]. Ionics, 2020, 26: 1611-1616.

[158] Aravindan V, Kathikeyan K, Lee J W, et al. Synthesis and improved electrochemical properties of Li_2MnSiO_4 cathodes[J]. Journal of Physics D: Applied Physics, 2011, 44(15): 152001.

[159] Luo S H, Wang M, Sun W N. Fabricated and improved electrochemical properties of Li_2MnSiO_4 cathodes by hydrothermal reaction for Li-ion batteries[J]. Ceramics International, 2012, 38(5): 4325-4329.

[160] Hwang J, Park S, Park C, et al. Hydrothermal synthesis of Li_2MnSiO_4: mechanism and influ-

ence of precursor concentration on electrochemical properties[J]. Metals and Materials International, 2013, 19(4): 855-860.

[161] 罗绍华，李思，王铭．$Li_2Mn_{1-x}Mg_xSiO_4$ 正极材料合成与电化学性能[J]. 稀有金属材料与工程，2012，41(9)：118-122.

[162] 胡传跃，郭军，文瑾．锂离子电池 $Li_2Ni_xMn_{1-x}SiO_4$（x=0.4-0.7）正极材料的电化学性能[J]. 矿冶工程，2013，33(2)：112-115.

[163] Wang L X, Zhan Y, Luo S H, et al. Preparation and electrochemical properties of cationic substitution $Li_2Mn_{0.98}M_{0.02}SiO_4$(M=Mg, Ni, Cr) as cathode material for lithium-ion batteries[J]. Ionics, 2020, 26: 3769-3775.

[164] Zhan Y, Wang Q, Luo H L, et al. Dual-phase structure design of Mn-site nickel doping Li_2MnSiO_4@C cathode material for improved electrochemical lithium storage performance[J]. International Journal of Energy Research, 2021, 45: 14720-14731.

[165] Gover R K B, Burns P, Bryan A, et al. $LiVPO_4F$: A new active material for safe lithium-ion batteries[J]. Solid State Ionics, 2006, 177(26-32): 2635-2638.

[166] Recham N, Chotard J N, Jumas J C, et al. Ionothermal synthesis of Li-based fluorophosphates electrodes[J]. Chemistry of Materials, 2010, 22(3): 1142-1148.

[167] Barker J, Gover R K B, Burns P, et al. Structural and electrochemical properties of lithium vanadium fluorophosphate $LiVPO_4F$[J]. Journal of Power Sources, 2005, 146(1-2): 516-520.

[168] Recham N, Chotard J N, Dupont L, et al. A 3.6 V lithium-based fluorosulphate insertion positive electrode for lithium-ion batteries[J]. Nature Materials, 2010, 9(1): 68-74.

[169] 张秋美，施志聪，李益孝，等．氟磷酸盐及正硅酸盐锂离子电池正极材料研究进展[J]. 物理化学学报，2011，27(02)：267-274.

[170] Barpanda P, Ati M, Melot B C, et al. A 3.90 V iron-based fluorosulphate material for lithium-ion batteries crystallizing in the triplite structure[J]. Nature Materials, 2011, 10(10): 772-779.

[171] Kosova N V, Slobodyuk A B, Podgornova O A. Comparative structural analysis of $LiMPO_4$ and Li_2MPO_4F(M=Mn, Fe, Co, Ni) according to XRD, IR, and NMR spectroscopy data[J]. Journal of Structural Chemistry, 2016, 57(2): 345-353.

[172] Agubra V A, Moore T, Kemp R, et al. Synthesis of ternary blended materials of $Li_{1.2}Mn_{0.4}Ni_{0.16}Co_{0.24}O_2$, the Li_2MnO_3-stabilized compound, and olivine fluorides(Li_2MPO_4F) as a high capacity cathode materials for lithium ion batteries[C]. ECS Meeting Abstracts. IOP Publishing, 2018(1): 60.

[173] Okada S, Ueno M, Uebou Y, et al. Fluoride phosphate Li_2CoPO_4F as a high-voltage cathode in

Li-ion batteries[J]. Journal of Power Sources, 2005, 146(1-2): 565-569.

[174] Amatucci G G, Pereira N. Fluoride based electrode materials for advanced energy storage devices [J]. Journal of Fluorine Chemistry, 2007, 128(4): 243-262.

[175] Legagneur V, An Y, Mosbah A, et al. $LiMBO_3$(M=Mn, Fe, Co): synthesis, crystal structure and lithium deinsertion/insertion properties[J]. Solid State Ionics, 2001, 139(1-2): 37-46.

[176] Gong Z, Yang Y. Recent advances in the research of polyanion-type cathode materials for Li-ion Batteries[J]. Energy & Environmental Science, 2011, 4: 3223-3242.

[177] Tao L, Neilson J R, Melot B C, et al. Magnetic structures of $LiMBO_3$(M=Mn, Fe, Co)lithiated transition metal borates[J]. Inorganic Chemistry, 2013, 52(20): 11966-11974.

[178] Cheng W D, Zhang H, Lin Q S, et al. Syntheses, crystal and electronic structures, and linear optics of $LiMBO_3$ (M = Sr, Ba) orthoborates [J]. Chemistry of Materials, 2001, 13 (5): 1841-1847.

[179] Yamada A, Iwane N, Harada Y, et al. Lithium iron borates as high-capacity battery electrodes [J]. Advanced Materials, 2010, 22(32): 3583-3587.

[180] Wang L, Zhang L, Li J, et al. First-principles study of doping in $LiMnPO_4$[J]. Int. J. Electrochem. Sci, 2012, 7: 3362-3370.

[181] Zhang H, Gong Y, Li J, et al. Selecting substituent elements for $LiMnPO_4$ cathode materials combined with density functional theory(DFT)calculations and experiments[J]. Journal of Alloys and Compounds, 2019, 793: 360-368.

[182] Ceder G, Van der Ven A, Marianetti C, et al. First-principles alloy theory in oxides[J]. Modelling and Simulation in Materials Science and Engineering, 2000, 8(3): 311.

[183] Kresse G, Furthmüller J. Efficient iterative schemes for ab initio total-energy calculations using a plane-wave basis set[J]. Physical Review B, 1996, 54(16): 11169.

[184] Hohenberg P, Kohn W. Inhomogeneous electron gas [J]. Physical Review, 1964, 136 (3B): B864.

[185] Kohn W, Sham L J. Self-consistent equations including exchange and correlation effects[J]. Physical Review, 1965, 140(4A): A1133.

[186] Meng Y S, Arroyo-de Dompablo M E. Recent advances in first principles computational research of cathode materials for lithium-ion batteries[J]. Accounts of Chemical Research, 2013, 46(5): 1171-1180.

[187] Zhao C, Wang D, Lian R, et al. Revealing the distinct electrochemical properties of $TiSe_2$ monolayer and bulk counterpart in Li-ion batteries by first-principles calculations[J]. Applied Surface

Science, 2021, 540: 148314.

[188] Gao Y, Shen K, Liu P, et al. First-principles investigation on electrochemical performance of Na-Doped $LiNi_{1/3}Co_{1/3}Mn_{1/3}O_2$[J]. Frontiers in Physics, 2021, 8: 616066.

[189] Cheng J, Sivonxay E, Persson K A. Evaluation of amorphous oxide coatings for high-voltage Li-ion battery applications using a first-principles framework[J]. ACS Applied Materials & Interfaces, 2020, 12(31): 35748-35756.

[190] Sukkabot W. Effect of transition metals doping on the structural and electronic properties of $LiMnPO_4$: spin density functional investigation[J]. Physica Scripta, 2020, 95(4): 045811.